U0382304

海水养殖业技术创新联盟知识流动研究

基于知识网络视角

刘　晓　于庆东　王庆金　著

中国社会科学出版社

图书在版编目(CIP)数据

海水养殖业技术创新联盟知识流动研究：基于知识网络视角/刘晓，于庆东，王庆金著.—北京：中国社会科学出版社，2015.7

ISBN 978-7-5161-6407-5

Ⅰ.①海…　Ⅱ.①刘…②于…③王…　Ⅲ.①海水养殖—养殖业—技术革新—研究　Ⅳ.①S967

中国版本图书馆CIP数据核字（2015）第146957号

出 版 人　赵剑英
选题策划　刘　艳
责任编辑　刘　艳
责任校对　陈　晨
责任印制　戴　宽

出　　版　中国社会科学出版社
社　　址　北京鼓楼西大街甲158号
邮　　编　100720
网　　址　http://www.csspw.cn
发 行 部　010-84083685
门 市 部　010-84029450
经　　销　新华书店及其他书店

印刷装订　北京金瀑印刷有限责任公司
版　　次　2015年7月第1版
印　　次　2015年7月第1次印刷

开　　本　710×1000　1/16
印　　张　11.75
插　　页　2
字　　数　205千字
定　　价　46.00元

谨以此书献给我亲爱的家人、老师和朋友

——刘　晓

序

改革开放以来，我国海水养殖业取得了显著的成绩。海水养殖业规模快速扩张，海水养殖产品已成为水产品增量供应的主要渠道。据统计，我国海水养殖业产量已连续50年位居世界首位。然而，沿海发达国家和地区的海水养殖业虽规模扩张较慢，但技术水平较高，引领着世界海水养殖业的发展趋势。沿海发达国家海水养殖业发展经验表明，科技进步在海水养殖业的发展中起到了重要支撑作用，海洋渔业技术创新是产业结构优化和提升的重要保障，也是海水养殖业可持续发展的强大动力。因此，在取得骄人成绩的同时，我们必须清醒地认识到，我国海水养殖业发展仍然以传统海水养殖业为主，发展过程中仍存在着技术创新能力薄弱、产业组织化程度较低等问题，距离现代海水养殖业的发展目标还有很长的一段路要走。如何提升海水养殖业的技术创新能力，运用工业发展理念和现代渔业技术改造传统海水养殖业，是我国海洋渔业发展中亟待解决的重大课题。

2008年底，科技部、财政部、教育部等国家六部门联合发布了《关于推动产业技术创新战略联盟构建的指导意见》，之后，在各级政府的大力支持下，沿海各地的海水养殖企业及相关科研院所合作成立了多种形式的养殖技术创新联盟。技术创新联盟作为传统产学研合作创新的延续和发展，突出强调了通过技术创新联盟来实现技术的突破，并有效地促进了科技成果商品化和产业化。因此，构建海水养殖业技术创新联盟对于我国海水养殖业的产业结构优化和升级具有重大的现实意义。我国第一家海水养殖业技术创新联盟成立于2009年，之后又陆续成立了若干个海水养殖业技术创新联盟。经过短短六年的发展，海水养殖业技术创新联盟在取得显著成效的同时，也暴露出许多问题，特别是在联盟构建、运行和发展等环节的问题。这些问题如果不加以解决，势必会偏离构建技术创新联盟的初衷，并制约我国海水养殖业技术创新联盟的进一步发展。

刘晓同志是青岛大学的年轻教师，2007 年开始在中国海洋大学水产学院在职攻读博士学位。结合科技部软科学项目调研，刘晓选择了《海水养殖业技术创新联盟知识流动研究——基于知识网络视角》作为博士学位论文。该论文研究视角独特，学术观点新颖。论文从联盟知识流动的角度来探讨海水养殖业联盟的构建、运行和发展问题，通过调研分析，得出了颇有价值的研究成果。她的博士论文完成于 2012 年夏季。博士毕业后，刘晓博士继续追踪海水养殖业技术创新联盟的发展实践，并对论文内容进一步修订和完善，最终形成了本书书稿。可以说，本书研究成果倾注了刘晓博士近些年研究的心血。

在刘晓博士学术生涯中重要标志性成果即将面世出版之际，刘晓博士请我为其撰写序言。作为她的指导教师，我经历了刘晓博士论文从选题、开题、撰写、修订到答辩的全部过程，自然对这部著作有着特殊的感情。因此，我慨然接受了她的要求。

我国是一个海洋渔业大国，渔业经济与管理是一门崭新的学科，也是一门很有发展潜力的应用性学科。目前，国内涉及该领域的研究专家不多，寄希望本书的出版能够进一步活跃海水养殖业技术创新领域的研究气氛，并为业界各位同仁提供有价值的参考。

韩立民

中国海洋大学教授、博导

2015 年 2 月于青岛

目　录

第一章　绪论 ………………………………………………………… (1)

第一节　研究背景 ………………………………………………… (1)

一　产学研合作是海水养殖业技术创新的主要模式 ………… (1)

二　海水养殖业技术创新联盟是产学研合作的高级阶段 …… (7)

第二节　问题提出 ……………………………………………… (10)

一　海水养殖业技术创新联盟发展现状及存在问题 ……… (10)

二　本书研究的现实意义 …………………………………… (13)

三　有关渔业技术创新联盟理论研究上的滞后 …………… (14)

第三节　技术路线与研究内容 ………………………………… (16)

一　技术路线 ………………………………………………… (16)

二　研究内容 ………………………………………………… (18)

第四节　研究方法 ……………………………………………… (19)

第二章　相关理论综述与基本概念界定 ……………………… (21)

第一节　技术创新联盟理论综述 ……………………………… (21)

一　技术创新联盟的内涵及特征 …………………………… (21)

二　技术创新联盟的分类 …………………………………… (23)

三　技术创新联盟的形成机理 ……………………………… (25)

四　评述 ……………………………………………………… (26)

第二节　知识网络理论综述 …………………………………… (27)

一　知识网络的内涵 ………………………………………… (27)

二　知识网络的要素与结构 ………………………………… (29)

三　知识网络中的知识活动 …………………………… (30)
四　技术创新联盟中的知识网络 ……………………… (32)
五　评述 ………………………………………………… (34)
第三节　海水养殖业技术创新内涵界定及特征分析 ……… (35)
一　渔业技术链 ………………………………………… (35)
二　海水养殖业技术创新的内涵界定 ………………… (37)
三　海水养殖业技术创新的特征分析 ………………… (38)
四　评述 ………………………………………………… (43)

第三章　海水养殖业技术创新联盟知识网络构建 ……………… (45)
第一节　海水养殖业技术创新联盟知识网络基本内涵 ………… (45)
一　海水养殖业技术创新联盟概念界定 ………………… (45)
二　海水养殖业技术创新联盟知识网络概念界定 ……… (45)
第二节　海水养殖业技术创新联盟知识网络结构模型 ………… (46)
第三节　海水养殖业技术创新联盟知识网络要素解析 ………… (48)
一　主体要素类型 ………………………………………… (48)
二　关系要素类型 ………………………………………… (53)
三　资源要素类型 ………………………………………… (54)
四　制度要素类型 ………………………………………… (55)

第四章　海水养殖业技术创新联盟知识流动运行机制研究 ……… (57)
第一节　海水养殖业技术创新联盟知识流动概述 …………… (57)
一　海水养殖业技术创新联盟知识流动概念 …………… (57)
二　海水养殖业技术创新联盟知识流动特征 …………… (58)
第二节　海水养殖业技术创新联盟的知识流动方式 ………… (59)
一　项目合作 ……………………………………………… (59)
二　非正式交流 …………………………………………… (60)
三　人员流动 ……………………………………………… (61)
四　技术推广 ……………………………………………… (62)
第三节　海水养殖业技术创新联盟的知识流动界面 ………… (63)

一　知识生产扩散子网与知识应用开发子网之间的界面 …… (63)
二　联盟外主体要素与联盟之间的界面 …………………… (65)
第四节　海水养殖业技术创新联盟知识流动影响因素分析 …… (67)
一　主体要素特性 ………………………………………… (68)
二　资源要素特性 ………………………………………… (69)
三　关系要素特性 ………………………………………… (71)
四　制度要素特性 ………………………………………… (73)
五　网络结构特性 ………………………………………… (75)

第五章　海水养殖业技术创新联盟知识流动循环机理分析 ……… (77)
第一节　海水养殖业技术创新联盟项目运行过程 ………… (77)
第二节　SECI模型及其缺陷 ………………………………… (80)
第三节　海水养殖业技术创新联盟知识流动循环 ………… (82)
一　海水养殖业技术创新联盟的知识分布 ……………… (82)
二　海水养殖业技术创新联盟知识流动循环模型 ……… (84)
三　海水养殖业技术创新联盟各知识层次形成机理 …… (89)
四　海水养殖业技术创新联盟知识流动循环特征分析
及启示 ……………………………………………… (91)
五　海水养殖业技术创新联盟的知识转化"场" ……… (93)
第四节　海水养殖业技术创新联盟知识流动循环动力机制——
知识学习 ……………………………………………… (96)
一　海水养殖业技术创新联盟知识学习类型 …………… (97)
二　海水养殖业技术创新联盟知识学习模型 …………… (98)

第六章　海水养殖业技术创新联盟知识流动保障体系建设 …… (102)
第一节　海水养殖业技术创新联盟信任机制设计 ………… (102)
一　构建海水养殖业技术创新联盟信任机制的重要意义 … (102)
二　海水养殖业技术创新联盟信任的内涵与产生 ……… (105)
三　海水养殖业技术创新联盟信任机制构建策略 ……… (107)
第二节　海水养殖业技术创新联盟组织体系构建 ………… (116)

一 海水养殖业技术创新联盟的目标和任务 ……………… (116)
二 海水养殖业技术创新联盟外部组织体系 ……………… (119)
三 海水养殖业技术创新联盟内部组织体系 ……………… (120)

第七章 海水养殖业技术创新联盟知识有效流动的对策建议 … (134)
第一节 提升学研方及科技中介机构的知识生产扩散能力 … (134)
一 水产科研机构和大学 ……………………………… (134)
二 水产科技中介机构 ………………………………… (136)
第二节 提升海水养殖企业的知识应用开发能力 ………… (137)
一 培育海水养殖龙头企业 …………………………… (137)
二 提高海水养殖企业的知识吸收能力 ……………… (138)
三 提升养殖企业的知识管理水平 …………………… (139)
四 注重与联盟其他成员建立关联关系 ……………… (140)
第三节 完善海水养殖业技术创新联盟的知识服务环境 …… (140)
一 相关政府部门 ……………………………………… (140)
二 联盟组织管理机构 ………………………………… (151)

第八章 研究结论与展望 ………………………………… (152)
第一节 研究结论 ……………………………………… (152)
第二节 研究展望 ……………………………………… (157)

参考文献 ………………………………………………… (159)

学术索引 ………………………………………………… (163)

附录 ……………………………………………………… (167)

致谢 ……………………………………………………… (174)

主要图表

表 1 – 1　海水养殖业上市公司产学研合作概况 ……………………（3）
表 1 – 2　我国主要海水养殖业技术创新联盟 ……………………（11）
表 2 – 1　海水养殖业技术创新主体 ……………………………（39）
表 3 – 1　海水养殖业技术创新联盟知识网络要素 ………………（48）
表 5 – 1　子课题研发团队成员 …………………………………（79）
表 5 – 2　海水养殖技术创新联盟知识分布 ………………………（82）
表 5 – 3　“浅海增养殖设施与生态高效养殖关键技术研究”子课题
　　　　列表 ………………………………………………………（84）
表 5 – 4　海水养殖业技术创新联盟知识转化场 …………………（93）
表 5 – 5　海水养殖业技术创新联盟知识学习 ……………………（99）
表 6 – 1　海水养殖业技术创新联盟技术创新任务一览表 ………（117）
表 6 – 2　相关部门工作职责及其对联盟知识流动的促进作用 …（125）
表 6 – 3　“十二五”国家支撑计划项目“海水养殖与滩涂高效
　　　　开发技术研究与示范”课题分解情况 ……………………（128）
表 7 – 1　我国政府推动产学研创新联盟发展的现有政策措施 …（144）
图 1 – 1　技术路线图 ……………………………………………（17）
图 2 – 1　渔业技术链示意图 ……………………………………（36）
图 3 – 1　海水养殖业技术创新联盟知识网络结构示意图 ………（47）
图 3 – 2　水产类科研院所申请专利数占比情况 …………………（50）
图 3 – 3　海水养殖领域研究型大学作为发明专利申请人的占比
　　　　情况 ………………………………………………………（51）

图 3－4 海水养殖领域知名水产科研机构作为发明专利申请人的占比情况 ………………………………………………………… (51)
图 4－1 知识生产扩散子网与知识应用开发子网知识流动界面 ………………………………………………………………… (64)
图 4－2 联盟外主体与联盟之间的知识流动界面 …………………… (65)
图 4－3 海水养殖业技术创新联盟知识流动的影响因素 ………… (67)
图 4－4 联盟规模/网络密度与联盟创新绩效关系曲线图 ……… (76)
图 5－1 现代海水高效健康养殖技术体系 ………………………… (78)
图 5－2 SECI 模型与“场”理论 ……………………………………… (81)
图 5－3 项目研究团队关系示意图 ………………………………… (86)
图 5－4 海水养殖业技术创新联盟知识流动循环模型 …………… (89)
图 5－5 海水养殖业技术创新联盟知识学习模型 ………………… (97)
图 6－1 信任对知识生产绩效的促进机制 ……………………… (103)
图 6－2 信任对知识应用开发绩效的促进机制 ………………… (104)
图 6－3 信任对联盟内知识扩散的促进机制 …………………… (105)
图 6－4 海水养殖业技术创新联盟信任机制构建 ……………… (107)
图 6－5 海水养殖业技术创新联盟外部组织体系示意图 ……… (120)
图 6－6 海水养殖业技术创新联盟组织机构及职责示意图 …… (121)
图 6－7 海水养殖业技术创新联盟技术研发项目组织模式 …… (126)
图 6－8 海水养殖业技术创新联盟运营模式示意图 …………… (132)

第一章

绪　论

第一节　研究背景

一　产学研合作是海水养殖业技术创新的主要模式

改革开放30多年来，我国海水养殖领域成效显著。海水养殖业利用10%的沿海滩涂与水域面积创造了26%的海洋生产总值。随着经济社会的不断发展和人民生活水平的逐步提高，对优质蛋白的需求量大幅增长。预计到2020年，我国海洋水产品需求量将达到4000万吨/年；由于近海渔业资源衰竭，海洋捕捞产量将长期维持零增长，因此，海洋食物来源将在很大程度上依赖于海水养殖。据测算，2020年的海水养殖年产量必须翻一番[①]，才能较好地满足居民对海产品的消费需求。为了达到这一目标，海水养殖业必须加快技术升级和空间扩展。为此，《国家中长期科学和技术发展规划纲要（2006—2020年）》明确指出要"优先发展海洋生物资源保护和高效利用技术，……重点研究开发适合我国农业特点的健康养殖设施技术与装备，……突破近海滩涂、浅海水域养殖技术"。

（一）技术创新是海水养殖业可持续发展的强大推动力

海水养殖业的跨越式发展，离不开海水养殖技术的重大创新。[②] 20世纪50年代，海带人工育苗技术的突破带动了海藻养殖的大发展，使

---

① 数据来源："十二五"国家支撑计划"海水养殖与滩涂高效开发技术研究与示范"可行性研究报告。

② 李大海：《经济学视角下的中国海水养殖发展研究》，博士学位论文，中国海洋大学，2007年，第50—55页。

我国的海藻养殖面积、产量和海藻化工业规模都稳居世界首位；70年代，扇贝人工育苗技术的突破带动了贝类养殖业的大发展，直接奠定了我国贝类养殖规模和产量世界第一的地位；80年代，对虾工厂化育苗技术的突破带动了对虾养殖业的大发展，又成就了我国“养虾大国”的地位；90年代，多种鱼类养殖技术的成功，使我国海水鱼养殖产量迅速攀升，形成了海水养殖业的第四次发展浪潮，为居民提供了大量的优质动物蛋白。此外，高产集约化养殖技术的推广普及，如工厂化养殖、网箱养殖、高位池养虾等，也对养殖业的发展产生了重要影响。海水养殖业技术创新可以有效地拓展渔业生产水域，提高渔业水域利用率和劳动生产率，开发新的渔业生产对象，促进渔业生产方式的变革。[①] 当前国际上围绕海水养殖可持续发展问题展开了系统研究，包括遗传改良、饲料营养、生态保护、病害控制、产品质量安全等多个层面；这些理论成果的应用和推广，有助于解决海水养殖产业发展与养殖资源环境保护之间日益加剧的矛盾，有助于构建起现代可持续海水养殖技术体系。因此，科技进步对海水养殖业的发展起到了重要支撑作用，技术创新是海水养殖业实现跨越式可持续发展的强大推动力。

（二）产学研合作是海水养殖业技术创新的主要模式

企业进行技术创新时，不必急于进行企业内部创新，而是需要充分共享技术资源，加快技术创新速度，分散技术创新风险，更多地与高校和科研院所进行密切合作，广泛开展共同开发活动，或者是企业间进行横向或纵向联合，采取合作创新模式，实现技术优势互补、相互促进，以实现“1+1 > 2”的效果。[②] 海水养殖业发展经验充分证明，海水养殖技术创新多数建立在产学研合作基础之上。以从事海水养殖业具有代表性的三家上市公司獐子岛、好当家和东方海洋为例（见表1-1）。从三家上市公司年报中了解到，养殖技术创新能力已成为海水养殖企业的核心竞争力。为了切实提高企业的自主创新能力，各家海水养殖企业并没有闭门造车，盲目地进行企业内部创新，而是纷纷与国内外水产行业

① 杨宁生：《科技创新与渔业发展》，《中国渔业经济》2006年第3期。

② 许庆瑞：《研究、发展与技术创新管理》，高等教育出版社2002年版，第25—27页。

知名的高校及科研院所构建起长期的合作研发关系。

表1-1　　　　**海水养殖业上市公司产学研合作概况**①

	学研合作伙伴	产学研合作创新平台及其成果	公司关于产学研合作的战略描述
獐子岛	与中国海洋大学、中科院海洋所、中国水产科学研究院黄海水产研究所和大连海洋大学等国内水产行业的顶级科研院所建立了战略合作关系	与中科院海洋所合作设立国家级博士后科研工作站；取得多项海洋生物技术研发成果；获得多项专利授权；国家"十二五"科技支撑、"863"计划等各级重大专项获得立项	公司继续加大研发投入，发挥产学研科技创新平台优势，不断提升公司产学研创新能力、自主研发实力和技术竞争力
好当家	与中国水产科学研究院黄海水产研究所、中国海洋大学、山东省科学院生物研究所等科研院所有着良好的长期协作关系	设立山东省海参产业技术创新综合院士工作站；申报干海参的国家卫生部强制性国家标准；成功申报国家技术创新能力建设项目、国家海洋局海洋公益性项目、国家星火计划项目等各级扶持项目；荣获"山东省产学研合作重大成果奖"；形成苗种培育、苗种杂交与改良、底播、立体、混养、不投饵技术等产学研结合的生态型养殖模式	坚持以科技创新促进企业发展，不断加大研发投入力度，深入开展产学研合作，建设科技创新平台，发挥国家级企业技术中心科技带动作用，不断健全和完善科技创新体系，增强企业整体研发实力
东方海洋	与中国科学院烟台海岸带研究所、中科院海洋所、中国海洋大学等科研院所建立了紧密的合作关系	公司设立6个产学研合作平台：海岸带生物资源利用技术中心、海珍品良种选育与健康养殖实验室、鱼类研发中心、海洋食品研发中心、博士后联合培养基地、中俄海洋生物工程中心。这些平台为公司形成了重大技术项目攻关、关键技术突破、原创性应用技术开发和成果转化的技术创新体系	着力构建以企业为主体、以市场为导向、产学研相结合的技术创新体系，提升自主创新和新技术、新成果的研发转化能力

从表1-1可以看出，通过产学研合作关系的建立，海水养殖企业与学研方共同打造产学研合作创新平台，并利用平台创新资源联合申报项目，共同开展技术攻关。产学研合作之所以成为海水养殖业技术创新的主要模式，具体原因分析如下：

1. 海水养殖业技术创新过程极为复杂且风险性高

海水养殖业技术创新活动具有自身的规律和特性，海水养殖业的技术创新过程受到包括海洋生物体自身生长规律、海洋环境、海水养殖生产方式等众多因素的影响。因此，海水养殖技术创新时滞较长且不可控

① 资料来源：各上市公司2013年年度报告。

因素较多，海水养殖业研发投入高，研发活动涉及多学科知识，研发活动需要的技术人力资源分散，海水养殖技术创新活动存在着很高的风险。以中国大菱鲆养殖为例，在大菱鲆自欧洲引进中国后，由于其繁殖技术难度较大且欧洲对该项技术专利实施封锁，单单依靠产学研任何一方都无力承担技术创新过程中可能产生的巨大风险。因此，中国水产科学研究院黄海水产研究所联合养殖企业等各方力量合作开展技术攻关，经过7年的共同努力，终于为大菱鲆建立起了包括亲鱼驯化培育、繁殖调控、生物饵料高密度培养、营养强化和早期仔稚鱼培育等一整套工厂化育苗技术体系。[①] 因此，在未来相当长的一段时间内，海水养殖业技术创新能力的提升将主要通过产学研合作创新模式来实现。

2. 海水养殖业技术创新收益不确定，涉渔企业技术创新动力不足

由于生物资源的自我繁殖特性以及海水养殖生产活动的空间开放性，使得海水养殖技术创新成果极易“外溢”，非创新主体很容易“搭便车”，因此，技术创新主体不能借助市场机制获取正常的创新收益，从而导致涉渔企业技术创新动力不足。另外，海水养殖业技术创新成果具有很明显的公共物品属性。当前中国海水养殖业存在良种覆盖率低、病害发生率高、深井海水资源不足、产品药物残留等重大问题，因此需要围绕原种亲鱼引进和保存、良种选育、全雌苗种创制、疫苗开发与应用、疾病无抗化防控、国产化配合饲料的研制、产品溯源、循环水健康养殖等方面开展技术攻关。而这些技术是制约整个海水养殖产业发展的关键共性技术，这些关键共性技术的研发成果可以促进整个海水养殖业的技术进步，单凭某个海水养殖企业没有能力也没有足够的动力去解决这一类技术问题。因此，特别需要政府加大对海水养殖业科学研究的财政投入，并出台相关政策措施鼓励产学研各方的科技人员进行合作，开展技术攻关。

3. 涉渔产学研各方技术创新能力薄弱

中国海水养殖业总体上仍是一个生产力水平较低的劳动密集型产

---

① 雷霁霖、刘新富、关长涛：《中国大菱鲆养殖20年成就和展望——庆祝大菱鲆引进中国20周年》，《渔业科学进展》2012年第4期。

业，养殖模式较为传统和粗放，现代海水养殖业起步较晚。从海水养殖企业角度来看，中国海水养殖企业大多以分散的个体经营模式为主，企业规模普遍偏小，组织规范化程度不高，资金实力不强；集约经营的规模化企业相对较少。尽管少数几家规模较大的海水养殖企业①每年投入一定资金用于技术研发，但大型科研仪器设备等创新资源依然较为缺乏，难以满足水产养殖向生态型、规模化、集约化、标准化方向发展的需要。此外，企业从业人员素质偏低，企业内直接从事研发工作的技术人员占企业总人数的比例偏低，高层次科技人才匮乏②；多数技术人员素质较低，主要承担跟踪最新技术、寻找合作伙伴、进行中试等方面的工作，很少进行技术研发工作③，致使企业在知识及技术方面的积累薄弱。因此，企业技术人员的缺乏已成为制约海水养殖业发展的瓶颈。对于涉渔科研机构和大学而言，由于对科研人员的评价激励体系不完善，尽管每年都有几百项科技成果通过鉴定，但科技成果转化率仅为30%～40%，大批科研成果难以转化为生产实践中的关键技术。综上所述，海水养殖业产学研各方有着迫切的合作创新需求，需要产学研各方实现对接，以有效整合产学研各方所拥有的创新资源，并共同应对海水养殖业技术创新过程中可能产生的巨大风险。同时，在产学研合作过程中，海水养殖企业技术人才的业务素质逐步得到提升，本企业的技术创新体系逐步得到完善，海水养殖企业的技术创新能力切实得到提高；而学研一方的海水养殖科技成果也可以得到有效的转化和应用，大大提高海水养殖业的技术创新绩效。

（三）海水养殖业产学研合作存在的问题分析

尽管产学研合作已成为海水养殖业技术创新的基础，但海水养殖业

---

① 海水养殖业具有代表性的上市公司有獐子岛、好当家、东方海洋、壹桥苗业等。

② 以舟山海水养殖业为例，高端技术人才成为舟山海水养殖业的稀缺人才，也成为限制舟山海水养殖业实现跨越式发展的瓶颈。据调查，该地区海水养殖从业人员学历水平普遍偏低，初中及初中以下学历者占到81.04%，而高中及高中以上学历者仅占到5.69%。（引自张杰、赵泽相、姜华帅：《舟山海水养殖业风险因素分析研究》，《河北渔业》2012年第4期。）

③ 杨子江、阎彩萍：《我国渔业科技体系的组织结构及其问题》，《中国渔业经济》2006年第6期。

产学研合作创新还存在很多问题[1][2]：

1. 海水养殖业产学研合作目标短浅、合作方式松散。在海水养殖业产学研合作过程中，各方建立合作关系的主要目的仍局限于某些短期利益；海水养殖企业希望企业中某项技术难题得到解决，而学研方则希望获得项目研究经费。产学研之间的合作方式多为技术转让、技术服务、委托开发等较为松散的合作方式，合作各方难以在合作过程中建立起紧密而持久的合作关系，产学研各方面向自主创新能力提升的战略性合作还比较少。

2. 海水养殖业产学研合作机制不完善，合作创新绩效不高。由于海水养殖企业与科研单位之间没有形成规范的"风险共担、利益共享"的市场化运作机制，导致产学研合作创新乏力，产业技术向现实生产力转化能力较弱，技术成果产业化程度仍然不高，科技创新成果与海水养殖业生产实践相互脱节。一方面，科研院所在基础研究和应用基础研究方面较为薄弱，引领行业发展的原创性成果不多，致使高新技术研究明显滞后，科技成果储备及有效供给明显不足。另一方面，海水养殖企业技术创新能力未获得明显提升；大量中小型养殖企业科技意识薄弱、技术积累匮乏，结果导致大量中小型养殖企业及广大养殖户对新技术、新成果的吸纳能力不强。据统计，中国水产科学院院属各单位科技成果转化率最高为88.9%，最低仅为35.5%，平均科技成果转化率为64.2%，这与国外科技成果转化率相比仍然存在不小的差距。此外，集成创新和引进消化吸收再创新不够，包括水产良种、渔药（疫苗）、渔用饲料和渔业节能等许多制约产业发展的关键共性技术问题仍然未得到解决。

3. 海水养殖业产学研合作创新成果未得到有效推广[3]。制约海水养殖业科技成果推广体系发展的诸如管理体制不顺、运行机制不活、推广方式单一、服务手段落后、经费渠道不畅、人员素质不高等深层次矛

---

① 赵雅静：《中国海洋水产业的高技术化研究》，硕士学位论文，辽宁师范大学，2002年，第7—10页。

② 杨宁生：《依靠技术进步推动我国渔业向更高层次发展》，《中国渔业经济研究》1999年第6期。

③ 张东伟、朱润身：《试论农业技术推广体制的创新》，《科研管理》2006年第3期。

盾尚未消除，整个基层水产推广体系仍较薄弱；大规模的渔民科技培训工作尚未真正开展起来，渔民科技文化素质还相对较低，对新技术、新成果的吸纳能力较弱；符合现代海水养殖业发展需求的科技创新体系尚未构建起来，产学研合作创新成果在改造传统产业、优化产业布局方面的推动作用不明显。

基于当前海水养殖业产学研合作过程中存在的上述问题，本书认为，需要完善海水养殖业产学研合作创新模式，加快海水养殖科技知识在创新联盟网络中的流动与转化，推动海水养殖业产学研合作向更高层次发展。因此，构建海水养殖业技术创新战略联盟就显得尤为必要。

二 海水养殖业技术创新联盟是产学研合作的高级阶段

近 20 年间，产业技术创新联盟在全球范围内大量涌现。在我国，特别是科技部、财政部、教育部等国家六部门于 2008 年 12 月 30 日联合发布了《关于推动产业技术创新战略联盟构建的指导意见》之后，各地区各行业技术创新联盟纷纷构建起来。海水养殖业作为我国海洋经济重要的产业类型之一，科技创新已成为产业结构优化和提升的重要保障。为推动海水养殖业的健康发展，在国家及地方各级政府的支持下，沿海各地的海水养殖企业及相关科研院所合作成立了多种形式的养殖技术创新联盟，为海水养殖业的可持续发展提供了技术支撑。

（一）构建海水养殖业技术创新联盟的重要意义

技术创新联盟是战略联盟的一种，它是一种新兴的产学研合作创新模式[①]，是产学研合作的高级发展阶段。技术创新联盟作为传统产学研合作创新的延续和发展，突出强调了通过技术创新联盟来实现技术的突破，并将科技成果商品化和产业化。

海水养殖业技术创新联盟主要在以下四方面发挥作用：

---

① Narula, R., Hagedoorn, J., "Innovating Through Strategic Alliances: Moving Towards International Partnerships and Contractual Agreements", *Technovation*, Vol. 19, No. 5, 1999.

一是突破海水养殖关键共性技术，为联盟企业在下游技术市场展开竞争提供竞争前技术。联盟成立必须有明确的战略目标，而且该目标是基于解决影响整个养殖业健康持续发展的关键共性技术。明确而详尽的战略目标引领联盟发展，且便于对联盟创新绩效进行考核。

二是联盟更加重视构建产学研之间紧密的战略合作伙伴关系。国家科技部和山东省科技厅均要求，联盟申报必须有详细的联盟协议、联盟组织管理体系、联盟技术路线图、联盟收益分配和知识产权管理方法等。完善的联盟运行机制和规范的联盟管理体系有利于加强联盟产学研各方之间的互动，加速科技成果转化，促进产业技术进步；有利于搭建产学研研发平台和各类信息共享平台，提高行业基础设施能力。

三是联盟更加注重对养殖创新成果的示范和推广。由于联盟着眼于海水养殖关键共性技术的研发，研发成果必须向养殖企业推广才能实现技术成果的产业化。因此，政府及联盟组织管理机构的主要职责之一就是扩大创新技术的示范和辐射范围，以使联盟创新成果的经济效益和社会效益最大化。

四是联盟为政府促进产学研合作创新提供了新的重要政策工具。日美等国的发展经验表明，政府在给予联盟资金支持、帮助联盟成员建立信任关系以及引导联盟健康发展等方面具有不可替代的作用。因此，联盟更易于获得政府在法律、法规和政策方面的规范和支持。

可见，构建海水养殖业技术创新联盟就是通过在产学研各方之间构建紧密稳定的战略合作伙伴关系，加强合作主体之间的知识流动和互动学习，着力突破养殖关键共性技术，提升养殖企业自主创新能力，最终增强养殖业核心竞争力。因此，海水养殖业通过构建技术创新联盟可以较好地解决当前海水养殖业产学研合作创新中存在的诸多问题。

（二）构建海水养殖业技术创新联盟的条件

当前，我国构建海水养殖业技术创新联盟已经具备了良好的内外部条件。

首先，产学研各方已经具备了参与联盟的特异性能力。特异性能力越强，意味着产学研各方在参与联盟后对联盟的知识贡献能力就越强。目前，国内已经形成了獐子岛、好当家、东方海洋等一大批规模较大、资金实力较强、品牌知名度较高的龙头水产企业。它们对实施技术创新战略、提高技术创新能力有着深刻的认识和迫切的需求。另一方面，中国水产科学院及其所辖研究所、中国科学院海洋所、国家海洋局及其所辖海洋研究所以及中国海洋大学等涉海研究型科研院所在养殖研究领域取得了丰硕的成果，很多科研成果处于国际领先水平。因此，它们参与联盟后具有较强的知识贡献能力。

其次，产学研各方已经建立起较为坚实的信任关系。联盟成员之间的信任水平是影响联盟运行的关键因素。悠久的产学研合作经历为合作各方提供了丰富的合作经验，产学研各方在正式的项目合作之外，其组织成员之间还有着密切而频繁的私人关系，这些正式或非正式互动为产学研各方建立信任关系提供了媒介。

最后，在我国构建海水养殖业技术创新联盟已经具备优越的政策环境。科技部等六部门已经联合发布《关于推动产业技术创新战略联盟构建的指导意见》[①]，其中就推动产业技术创新战略联盟构建的重要意义、联盟的主要任务、应具备的基本条件和开展联盟试点工作等都提出了明确的意见和要求。在《国家技术创新工程总体实施方案》[②] 中也提到推进产学研紧密结合的首要任务就是要推动产业技术创新战略联盟的构建和发展，并强调要通过科技计划委托联盟组织实施国家和地方的重大技术创新项目，依托联盟探索国家支持企业技术创新的相关政策。在此基础上出台的《关于推动产业技术创新战略联盟构建与发展的实施办法（试行）》[③] 进一步明确了开展联盟试点工作的方法和程序以及推动联盟构建与发展的政策措施。可以看出，发展产业技术创新战略联盟已成为促进我国海水养殖业发展的重要战略举措，优越的政策环境和基础条件为我国海水养殖业技术创新联盟的构建和发展提供了宝贵的机遇。

---

① 国科发政〔2008〕770 号。
② 国科发政〔2009〕269 号。
③ 国科发政〔2009〕648 号。

第二节　问题提出

一　海水养殖业技术创新联盟发展现状及存在问题

为了能够对海水养殖业技术创新联盟的发展现状有一个深入全面的了解，笔者到山东省荣成市对海参产业技术创新联盟和现代海水养殖产业技术创新联盟进行了实地调研，与两个联盟的盟主单位好当家集团、寻山集团以及荣成市科技局的相关负责人进行了深入访谈。众所周知，荣成是全国渔业第一大市和“中国渔业硅谷”[①]，因此，荣成市的海水养殖业技术创新联盟在全国范围内具有很强的代表性和典型性。通过调研得知，荣成目前拥有现代海水养殖产业技术创新联盟和海参产业技术创新联盟，两大联盟成立时间分别为 2009 年 12 月和 2011 年 4 月。从两个联盟的成立宗旨和发展目标来看，前者涉及的技术领域为海水养殖，主要针对海水养殖与海产品加工产业可持续发展的需要，有效集成行业内的技术创新资源，形成一批行业关键技术并开展产业化示范。后者重点针对海参这一养殖品种，旨在海参养殖模式、良种开发、精深加工等方面突破一批共性关键技术，加速创新成果的产业化。从两个联盟的成员组成来看，其骨干成员都包括獐子岛渔业集团、东方海洋、中国海洋大学、中国水科院黄海所、中科院海洋所等龙头水产企业、知名科研机构和大学（见表 1－2）。

---

① 荣成市的现代海水养殖技术处于世界领先水平，海洋食品、保健品、药品等领域的科研成果及产业化尤为突出，是国家级海洋综合开发示范区、国家“863”计划成果产业化基地、全国科技兴海示范基地、国家海水养殖科教兴农与可持续发展综合示范县和省级海洋科技成果推广示范基地。先后实施和转化国家“863”计划项目 32 项，拥有 3 个国家级、15 个省级、21 个威海市级工程技术研究中心和企业技术中心，3 个院士工作站，2 个博士后科研工作站，2 个省级企业重点实验室。拥有国家级名牌产品、驰名商标 9 个，省级名牌产品、著名商标 59 个，山东服务名牌 6 个，国家地理标志证明商标 2 个。2010 年专利申请量达到 876 件，高新技术产业产值 653.6 亿元，占规模以上工业比重达到 34.17%，先后被授予“全国科技工作先进市”、“全国科技实力百强县”、“全国科技进步先进县”、“全国科普示范市”。数据来源：《荣成市蓝区发展规划》（见 http：//www.rcsfgj.gov.cn/showart.asp？id＝1083）。

表1－2　　　　**我国主要海水养殖业技术创新联盟**

联盟名称	成立时间	发起人	联盟成员	联盟目标
海参产业技术创新联盟	2009年12月	山东好当家集团	獐子岛、东方海洋、中国海洋大学、中国水产科学研究院黄海水产研究所、中国科学院海洋研究所等	突破海参养殖模式、良种开发、精深加工等方面共性关键技术，加速创新成果的产业化
现代海水养殖产业技术创新联盟	2011年4月	山东寻山集团	獐子岛、东方海洋、好当家、中国海洋大学、中山大学、厦门大学、中国科学院海洋研究所、中国水产科学研究院黄海水产研究所等	突破海水养殖与海产品加工产业共性和关键技术瓶颈，搭建联合攻关研发平台；开展技术辐射，培育海水养殖与海产品加工产业集群主体
海水养殖种苗产业技术创新联盟	2013年	青岛宝荣水产科技发展有限公司	中国水产科学研究院黄海水产研究所、中国海洋大学、中国科学院海洋研究所、山东省海水养殖研究所、青岛宝荣水产科技发展有限公司等	开展水产遗传育种发展战略研究和共性、关键技术联合研发，解决发展中的技术、产业化问题；组织国内外交流，促进海水养殖种苗产业新技术和新品种的共享和示范推广；构筑产学研技术创新平台

我国中长期渔业科技发展规划（2006—2020年）中指出，渔业科技创新的基本原则为“创新机制”、“项目拉动”，即实行“顶层设计与生产需求相结合”的立项机制，以国家大项目为切入点，带动渔业科技创新工作的开展。而作为推动渔业科技创新的主要组织模式——创新联盟，其运行和发展同样离不开来自国家及各级政府的项目支持。目前，国家科技部已经制定暂行规定[①]（以下简称“规定”）：国家科技计划（重大专项、国家科技支撑计划、“863”计划等）积极支持联盟的建立和发展；经科技部审核的联盟可作为项目组织单位参与国家科技计划项目的组织实施。因此，以项目为驱动整合联盟内产学研各方的创新资源开展合作创新活动成为海水养殖业技术创新联盟的主要运行模式。然而，我国海水养殖业技术创新联盟成立时间还不长，以联盟为平台申报的项目正处于项目运行阶段[②]，联盟构建以及发展过程中存在的问题尚未充分地暴露出来。笔者仅能根据对联盟某些盟员的实地调研和与相关负责人的深入访谈所了解到的现状，以

① 国家科技计划支持产业技术创新战略联盟暂行规定（国科发计〔2008〕338号）。

② 以现代海水养殖产业技术创新联盟为例，其参与组织的国家科技支撑计划项目“海水养殖与滩涂高效开发技术研究与示范”项目起止时间为2011年1月至2015年12月。

及联盟协议书等搜集到的资料文件，来总结和分析目前海水养殖业技术创新联盟中已经产生或者将来可能会产生的问题。

（1）联盟成员对于联盟构建和参与联盟的目的存在认识误区。由于目前有许多来自国家、省级政府部门的扶持政策以支持联盟的发展，因此，加入联盟成为联盟成员就意味着可以获得更多的项目资金、优惠政策等方面的支持，甚至出现了构建联盟“为项目而项目、为课题而课题”的机会主义行为，各级政府部门对联盟发展所给予的大力支持正在沦为一场“资源争夺战”。这就引发了本书对联盟构建意义的思考。通常来说，构建海水养殖业技术创新联盟是为了在产学研各方之间建立起紧密的战略合作伙伴关系，着力突破海水养殖关键共性技术，提升海水养殖业的技术水平和核心竞争力。但本书认为构建联盟更重要的意义在于，通过参与联盟的合作创新活动，使得涉渔科研机构和大学能够提升自身的科学研究水平，使得海水养殖企业能够提升自身的技术创新能力。可以说，涉渔产学研各方能否通过参与联盟提升自身的技术研发水平，是海水养殖业技术创新联盟合作创新绩效的重要衡量指标，它直接决定了海水养殖业技术创新联盟的可持续发展能力的高低。如果联盟成员、联盟组织管理机构以及相关政府部门能够从这一高度来认识联盟构建以及参与联盟的意义，那将会在很大程度上提升联盟各项事务的运行绩效。因此，如何提升联盟盟员的技术创新能力就成为本书关注的主要问题之一。

（2）有关联盟的现有相关规定还需要进一步完善。“规定”要求：应由联盟理事长单位（俗称“盟主”）代表联盟申报项目。以现代海水养殖产业技术创新联盟为例，对于该联盟参与组织的国家科技支撑计划项目“海水养殖与滩涂高效开发技术研究与示范”，按“规定”要求应由联盟的盟主——寻山集团牵头，由寻山集团负责组织联盟成员各方的研发思路并整合为基于联盟平台的申报材料。显然，联盟成员包括好当家集团等一些与寻山集团存在竞争关系的其他养殖企业。理想情况下，这些竞争者能够将自己拥有的有关该项目的知识贡献出来，这将会提高整个项目的设计水平。而更多的情况则是，联盟其他盟员担心一旦将自己拥有的独特知识资源贡献出来，会被其他盟员据为己有，进而削弱自身的竞争力，因此它们不愿意共享自己拥有的知识。这样一来，由作为盟主的寻山集团牵头来申报项目的进程和质量将会受到负面影响，并进一步影响今后联盟成员合作过程中的信任水平。笔者在调研中还发现一个现象：无论是政府部门还是养殖企业，对于由谁出任联盟的理事长单位（盟主）都颇为关注；因为它们普遍认为，一旦成为联盟盟主，就可以比联盟成员更多地从联盟中获益，包括企业知名度的提升、对联盟各种资源的便捷利用等。综上可知，目前有关联盟组织管理方面的某些规定并没有消除联盟盟员之间封锁知识的短期行为，知识如果不能共享就很难创造新的知识。因此要凸显出联盟背景下合作创新的优势，寻找能够真正整合联盟创新资源的技术研发项目组织模式；一个科学有效的技术研发项目组织模式能够让即便是存在竞争关系的海水养殖企业也能很好地进行合作并愿意共享自己所拥有的知识。此外，还应设计完善的联盟知识产权保护机制，这对于理顺盟员之间关系、鼓励盟员之间知识共享进而创造知识至关重要。

（3）联盟对于整个海水养殖业技术水平提升的带动作用尚不明显。海水养殖业技术创新联盟是整个产业的“知识高地”，在整个海水养殖业发挥着技术创新的“龙头”引领作用。一方面，中国海水养殖业技术创新联盟的成立时间还很短暂，从而导致其对整个产业技术水平提升的带动作用尚未显现。但另一方面，由于海水养殖业的技术创新活动在很大程度上是为全社会提供公共产品和服务的社会公益事业，联盟的技术创新成果具有公共物品属性，联盟内的合作创新成果特别需要在联盟成员之间以及联盟外各个行业主体中进行示范、推广和应用。因此，需要完善联盟内相应的组织体系和相关运行机制，以创造适宜的环境和条件发挥联盟“知识高地”对整个产业的辐射和带动作用。

中国海水养殖业技术创新联盟的构建、运行与发展仍处于不断探索和积累经验中。在此过程中已经出现了一些亟待解决的问题，这些问题如果不加以重视并得到很好的解决，势必会偏离构建技术创新联盟的初衷，并制约中国海水养殖业技术创新联盟的进一步发展。

二　本书研究的现实意义

上述海水养殖业技术创新联盟构建与发展中存在的诸多问题都涉及

联盟的知识流动：(1) 从联盟盟员角度来看，盟员要想通过参与联盟提升自身的技术创新能力，就需要在合作研发活动中共享知识，并积极进行知识学习活动，提高对知识的吸收能力。这一系列知识活动的开展都涉及联盟内有关海水养殖科技知识是如何在产学研各方从业人员、合作研究团队、产学研组织以及联盟等各个层次之间流动和转化的。(2) 从联盟目标来看，关键共性技术的创新是原创性的基础性研究，其创新活动的难度和复杂程度非常高。要想突破关键共性技术，必须整合联盟内外各类创新资源，能够让联盟内产学研各方所拥有的知识充分流动起来，使得养殖科技知识在流动中进行创造性的整合，即知识创新，这是提高联盟合作创新绩效的关键。(3) 从联盟任务来看，联盟要发挥整个行业的“知识高地”优势，成果的转化、推广和应用是关键。而成果的转化、推广和应用过程实际上就是养殖科技知识的流动；要想提高成果转化率，就需要充分考察知识源和知识受体等各个影响知识流动的因素和环节。总之，联盟内高效顺畅的知识流动是联盟内涉渔产学研各方有效地开展合作创新活动的基础，是联盟的目标和任务完成的保障，是联盟成员从联盟合作创新活动中受益的关键。因此，本书选择以联盟的知识流动为研究对象，深入探讨海水养殖业技术创新联盟内知识流动的机制、过程和机理，摸清知识在联盟内各成员之间、各层次之间的转化关键环节。在探讨联盟微观的知识流动规律的基础之上，再来设计联盟的宏观组织体系和运行机制。一方面，联盟组织体系和运行机制的设计为联盟知识流动的探讨寻找到了现实意义；另一方面也为更好地促进联盟内知识流动提供了制度保障。而本书之所以选择知识网络作为联盟的知识流动的研究视角，主要是因为知识网络能够为本书的知识流动机制、过程等分析提供一个系统的理论分析框架。

三　有关渔业技术创新联盟理论研究上的滞后

国内外的许多学者分别从理论和实证角度对产业技术创新联盟做了深入探讨，并取得了颇有价值的理论成果。这些研究主要集中在以下几个方面：(1) 产业技术创新联盟运行机制研究，主要包括联盟构建过程中的伙伴选择①、联盟组织模式②、技术创新联盟信任机制③、利益分配机制④等方面的研究；（2）产业技术创新联盟绩效研究⑤，主要包括技术创新联盟绩效评价研究、联盟绩效的影响因素研究；（3）产业技术创新联盟风险控制及其稳定性研究，主要包括联盟的风险管理研究⑥、联盟稳定性的影响因素研究⑦等；（4）产业技术创新联盟中的政府行为研究，主要包括联盟发展过程中的政府角色定位、政府行为以及相关支持政策等方面的研究⑧；（5）产业技术创新联盟中的知识活动研究⑨，主要包括联盟组织中的知识创造、知识分享、知识整合及知识流动等方面的研究。

其中第（5）方面是最近几年学界比较关注的研究热点，也是笔者最为感兴趣的研究领域。通过阅读该领域的文献，笔者发现还存在诸多研究空白：首先，针对渔业技术创新联盟相关问题的研究几乎没有。与工业技术创新不同，渔业技术创新具有公共物品属性，对渔业技术创新活动规律的研究能够丰富和细化现有的技术创新理论体系，但这方面的研究还不多见，在联盟背景下探讨渔业技术创新活动的文献很少。其次，从研究视角来看，虽然已有很多文献从“知识”的视角研究联盟内的创新活动，但研

① 刘林舟、武博：《产业技术创新战略联盟合作伙伴多目标选择研究》，《科技进步与对策》2012 年第 21 期。

② 付苗、张雷勇、冯锋：《产业技术创新战略联盟组织模式研究——以 TD 产业技术创新战略联盟为例》，《科学学与科学技术管理》2013 年第 1 期。

③ 方静、武小平：《产业技术创新联盟信任关系的演化博弈分析》，《财经问题研究》2013 年第 7 期。

④ 苏靖：《产业技术创新战略联盟构建和发展的机制分析》，《中国软科学》2011 年第 11 期。

⑤ 张瑜、菅利荣、倪杰、刘剑等：《江苏省产业技术创新战略联盟的灰评估研究——基于中心点三角白化权函数》，《华东经济管理》2013 年第 11 期。

⑥ 殷群、贾玲艳：《产业技术创新联盟内部风险管理研究——基于问卷调查的分析》，《科学学研究》2013 年第 12 期。

⑦ 蒋樟生、胡珑瑛：《不确定条件下知识获取能力对技术创新联盟稳定性的影响》，《管理工程学报》2010 年第 24 卷第 4 期。

⑧ 邸晓燕、张赤东：《产业技术创新战略联盟的分类与政府支持》，《科学学与科学技术管理》2011 年第 4 期。

⑨ 殷群、王飞：《产业技术创新联盟内知识转移阶段特征分析》，《现代管理科学》2013 年第 4 期。

究内容大都聚焦于知识共享或者知识创造等某一项知识活动。从知识网络角度系统地研究产业技术创新联盟内知识流动规律的文献还不多。最后，从研究的系统性来看，很少有研究将联盟内知识活动的微观机制与联盟宏观运行体系结合起来进行探讨。而笔者认为，联盟内顺畅高效的知识流动是提升整个联盟合作创新绩效的原始驱动力，联盟运行机制的设计和组织体系的构建必须以保障联盟微观层面的知识流动为出发点，并最终通过促进联盟知识流动来提高联盟的创新绩效。对该问题的探讨有助于更本质地把握联盟构建与运行中的关键问题。综上所述，借助知识网络这一理论工具，对海水养殖业技术创新联盟内的知识活动进行深入探讨，并以此为基础探究联盟的运行规律就显得尤为必要。

第三节　技术路线与研究内容

一　技术路线

本书以海水养殖业技术创新联盟为研究边界，以联盟内的知识流动作为研究对象，以提升海水养殖业技术创新联盟创新绩效为导向。本书的前提假设是：海水养殖业技术创新联盟合作创新绩效的提升，最本质地依赖于联盟内顺畅高效的知识流动。本书基于技术创新理论、知识管理理论、组织学习理论，并结合养殖业行业特性和技术创新规律，分三个层面进行研究（技术路线图见图 1－1）：

层面一：构建海水养殖业技术创新联盟的知识网络，这是本书的出发点。该部分分析和构建了海水养殖业技术创新联盟知识网络的要素和结构，为后续研究提供分析框架。

层面二：重点针对海水养殖业技术创新联盟知识网络中的知识生产扩散子网络、知识应用开发子网络及其相互之间的关系，深入探讨了联盟中产学研各方之间的知识流动方式、知识流动的影响因素。从知识流动这一微观层面，揭示了海水养殖业技术创新联盟中知识在个人、组织、团队、联盟等层次的流动和转化规律，提出了联盟内知识流动循环模型，并探讨了知识流动循环的动力机制——知识学习。这是本书研究的核心内容。

层面三：设计和构建海水养殖业技术创新联盟的信任机制和组织体

系。需要指出的是，这一层面的研究并非泛泛而谈，而是以促进和保障联盟内知识流动作为出发点和落脚点。也就是说，这部分研究是前面研究内容的逻辑发展和现实意义之所在，反过来又为海水养殖业技术创新联盟知识流动提供了制度保障。

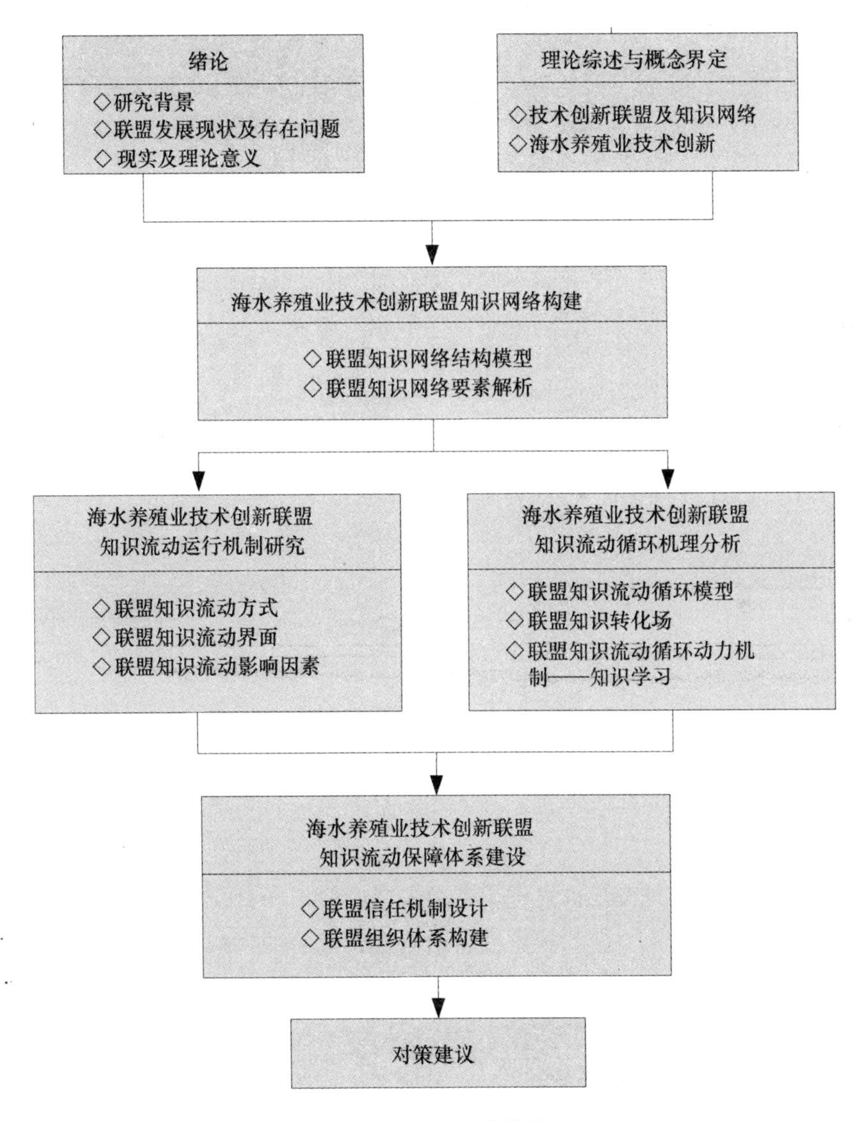

图1－1　技术路线图

二 研究内容

本书主要研究内容如下：

第一章绪论。首先介绍了本书的研究背景，即产学研合作创新已经成为海水养殖技术创新的主要方式，但海水养殖业产学研合作创新还存在着诸多亟待解决的问题。技术创新联盟是海水养殖业产学研合作的高级发展阶段，有助于解决当前产学研合作中存在的诸多问题；同时还分析了当前在中国构建海水养殖业技术创新联盟的必要性和可行性。其次，分析中国海水养殖业技术创新战略联盟构建及运行中存在的主要问题，说明了本书研究的理论意义和现实意义。最后，介绍了本书的技术路线、结构安排、研究方法以及创新点等。

第二章相关理论综述与基本概念界定。对技术创新联盟、知识网络等理论及国内外相关研究进行系统综述；对海水养殖业技术创新的概念及特征进行了阐述。在厘清上述理论发展脉络、把握研究前沿的基础上，找出现有研究的空缺和不足，明晰本书的切入点，为本书的研究奠定理论基础。

第三章海水养殖业技术创新联盟知识网络构建。对海水养殖业技术创新联盟及其知识网络等概念进行了界定；构建了海水养殖业技术创新联盟知识网络结构模型；从要素类型的角度解析了联盟知识网络的主体要素、关系要素、资源要素和制度要素。该章是本书研究的起点，为本书的后续研究提供了一个系统的分析框架。

第四章海水养殖业技术创新联盟知识流动运行机制研究。对海水养殖业技术创新联盟知识流动的概念及特征进行了界定和分析，总结出联盟知识流动的四种方式；分析了联盟知识网络中最重要的两类知识流动界面；分析了海水养殖业技术创新联盟知识流动的影响因素。

第五章海水养殖业技术创新联盟知识流动循环机理分析。提出了海水养殖业技术创新联盟的知识分布；借助探索性案例详细描述了海水养殖业研发项目运行过程，深入挖掘了项目运行过程中海水养殖业科技知识的流动和转化规律，提出了海水养殖业技术创新联盟知识流动循环模型——SECI的扩展模型；指出了海水养殖业技术创新联盟知识转化场的构建途径。在此基础上，探讨了联盟内知识流动循环的动力机制，提出了海水养殖业技术创新联盟的知识学习模型。

第六章海水养殖业技术创新联盟知识流动保障体系建设。信任机制包括联盟成员选择机制、联盟规范控制机制、联盟文化培育机制。组织体系构建部分明晰了海水养殖业技术创新联盟的总体目标和主要任务，设计了联盟内部组织体系，并重点提出了联盟技术研发项目组织模式和联盟运营模式。

第七章海水养殖业技术创新联盟知识有效流动的对策建议。基于联盟内水产科研机构和大学、水产科技中介机构等知识生产扩散主体，海水养殖企业等知识应用开发主体以及联盟组织管理机构、相关政府部门等知识环境服务主体分别提出对策建议。

第八章研究结论与展望。总结本书的研究结论，并讨论研究局限和未来展望。

第四节　研究方法

本书主要运用了以下研究方法：

（1）文献研究。在本书的研究问题形成之前，首先查阅了有关战略联盟、知识网络、渔业技术创新、产学研合作等领域的最新国内外文献。通过对文献的阅读、整理和综述，找到了本书的切入点，在此基础上结合现实背景提出了本书的研究问题，并初步形成了本书的研究思路以及可能采用的研究方法。文献研究阶段使自己得以在前人的研究成果基础上思考问题，为后续研究奠定了重要的理论基础。

（2）探索性案例研究。本书选取了国家科技支撑计划项目中具有代表性的子课题“浅海增养殖设施与生态高效养殖关键技术研究”作为典型案例，通过对该课题运行过程中知识流动情况的分析，归纳出海水养殖业技术创新联盟内知识流动的一般规律，构建起海水养殖业技术创新联盟内知识流动循环模型。

（3）实证研究。笔者通过对荣成海水养殖业技术创新联盟的实地调研，以及与相关机构负责人的深入访谈，获取了有关联盟构建、联盟运行及其存在问题的第一手资料，这些资料对于修正本书的研究假设很有帮助。此外，笔者还对中科院海洋所、寻山集团、好当家集团等产学研各方的科研人员和技术人员进行了深入访谈，并利用所获取的资料对本书构建的知识流动循环模型、知识学习模型等理论模型进行了分析和验证。

第二章

相关理论综述与基本概念界定

第一节　技术创新联盟理论综述

在新技术产业革命的冲击以及全球经济一体化进程加快的背景下，传统的生产方式不断得到改造，企业持续发展更加依赖于企业技术的不断创新。由于新技术的生命周期不断缩短，使得技术创新投入不断提高，企业已经不能够独自承担企业技术创新的巨大风险，于是世界各国开始寻求提高技术创新绩效的新途径。

一　技术创新联盟的内涵及特征

（一）技术创新联盟的内涵

技术创新联盟是战略联盟的一种。“战略联盟”这一概念最早由美国 DEC 公司总裁简·霍普兰德（J. Hopland）和管理学家罗杰·奈格尔（R. Nigel）[①] 提出。雷费克·卡尔潘（Refik Culpan）[②] 将战略联盟定义为跨国公司之间为追求共同的战略目标而签订的多种合作安排协议，包括许可证、合资、R&D 联盟、合作营销和双方贸易协议等。迈克尔·波特（Porter）[③] 认为联盟是企业之间进行长期合作，它超越了正常的市场交易但又未达到合并的程度，联盟的方式包括技术许可生产、供应

---

① 秦斌：《企业战略联盟理论评述》，《经济学动态》1998 年第 9 期。

② Culpan, R., *Multinational Competition and Cooperation: Theory and Practice, in Multinational Strategic Alliances*, New York: International Business Press, 1993, pp. 13 - 32.

③ ［美］迈克尔·波特：《竞争战略》，华夏出版社 1997 年版，第 78—80 页。

协定、营销协定和合资企业。古拉蒂（Gulati）① 对战略联盟的定义比较具有代表性，他指出战略联盟是为企业间交换、共享或共同开发新产品或服务的自发性活动；它们可以是一系列动机或目标推动的结果，可以表现为不同的形式，可以建立在企业纵向或横向的界限上。

目前，文献中对技术创新联盟的概念定义比较全面，但也各有不同。技术创新联盟是基于技术的战略联盟，许多学者在战略联盟的基础上进一步对其中以技术创新为目的的战略联盟进行研究。库西（Coursey）等通过对企业和政府实验室合作情况的研究，将技术创新联盟定义为基于正式或非正式的安排，至少有一个政府实验室和一个私营企业共同参与开发或获取技术知识的 R&D 合作。邓宁（Dunning）② 认为，技术创新联盟是指联合研发项目和研发合资企业等双向技术转移的模式，最主要的目的是获取新的互补的技术，加速创新或学习的进程。钟书华③认为技术联盟是指两个或者两个以上的企业为实现技术资源共享、R&D 风险或成本共担、技术优势互补等制定战略目标，在保持自身独立性的同时通过股权参与或契约连接的方式建立较为稳固的合作伙伴关系，并在某些领域采取协作行动，从而取得双赢效果。纳鲁拉（Narula）④ 将技术创新联盟视作一种新兴的合作创新模式，这一模式因分担研发风险，实现研发活动的规模经济和范围经济而大大提高了技术创新的效率。哈格杜恩（Hagedoorn）等⑤将技术创新联盟定义为“在从事重要的研究与开发中所建立的一种创新关系”，它们主要是基于创新导向的，为了共同的研发而组合在一起。诺曼（Norman）⑥ 认为技术创

---

① Gulati, R., “Alliances and Networks”, *Strategic Management Journal*, Vol. 19, No. 4, 1998.

② Dunning, J. H., “Reappraising the Eclectic Paradigm in an Age of Alliance Capitalism”, *Journal of International Business Studies*, No. 26, 1995.

③ 钟书华：《技术联盟类型、效益与成本分析》，《科学学与科学技术管理》1998 年第 8 期。

④ Narula, R., Hagedoorn, J., “Innovating Through Strategic Alliances: Moving Towards International Partnerships and Contractual Agreements”, *Technovation*, Vol. 19, No. 5.

⑤ Hagedoorn, J., Albert, N., Nicholas, S., Vonortas, “Research partnerships”, *Research Policy*, No. 29, 2000.

⑥ Norman, P., “Protecting Knowledge in Strategic Alliances: Resource and Relational Characteristics”, *Journal of High Technology Management Research*, Vol. 13, No. 2, 2002.

新联盟是指企业在实现创新战略目标的过程中，为共享创新资源、促进知识流动和创造新知识，与其他企业、大学和科研院所之间通过各种契约或股权而结成的优势互补、风险共担的网络组织。

综上所述，并结合中国产业技术创新联盟发展的理论与实践，本书认为技术创新联盟本质上是一种基于非零和合作博弈过程的组织制度创新，是产学研各方之间借助契约或股权安排形成的长期而紧密的合作关系，借助这种安排在产学研各方之间形成合作创新网络以促进网络内的知识流动和知识创新，最终实现创新资源共享、研发活动风险及成本共担。

（二）技术创新联盟的特征

技术创新联盟是产学研合作发展的高级阶段，与一般的产学研合作相比，技术创新联盟通常具有以下三个特点：（1）技术创新联盟是以大型企业（或企业集团）为活动主体的组织间合作，技术创新联盟的各个组织之间相互依存度很高，合作具有一定的连续性；而一般的产学研合作组织之间相互依存度低、合作常常断断续续。（2）技术创新联盟是一种大型的、常常要涉及技术创新全过程的综合型合作；而一般产学研合作是随着工业生产社会化程度的提高，在专业分工的基础上，较小范围内组织间的协作，所实现的是小规模研究开发及生产技术合作。（3）技术创新联盟是企业为了获取竞争优势而进行的相互依存的战略性合作。技术创新联盟能将数个大型企业集团的研究开发及生产技术资源集中起来，实现相对于单个企业集团内企业技术联合来说更大规模的技术合作；而一般产学研合作是一种企业与科研院所之间的自由合作。

二　技术创新联盟的分类

最早的技术创新联盟是20世纪20年代在英国出现的研究联合体，并且很快被其他一些欧洲国家借鉴引用。到20世纪60年代，日本发现了欧洲国家这种联合体的优势所在，并且加以模仿和研究，也成立了大量的工矿业方面的技术联合体，具有代表性的技术联合体是“超大规模集成电路技术研究组合（VLSI）”，它充分展示了技术创新联盟的优势。随后美国也在20世纪80年代开始关注技术创新联盟，鼓励企业与大学、科研机构等紧密联系，形成技术创新联盟，并提供各方面的支持。不同国家对技术创新联盟的称呼是不同的，我国称之为“产业技术创新联盟”，日本称之为“技术研究组合”，而美国则称之为“合作研究”。虽然称呼不同，但实质都是相同的。学者根据研究视角的不同对联盟进行了如下分类。

巴达拉科（Badaracco）[①] 从知识技术及学习动机观点出发，认为联盟可以分为产品联盟和知识联盟两种形态。美国学者彭（Peng）等[②]根据企业选择的联盟伙伴的性质把联盟分为五种类型：与产品用户组成的技术联盟（customer alliance）、与零部件的供应商组成的技术联盟（supplier alliance）、与竞争对手企业组成的技术联盟（competitor alliance）、与本企业技术关联密切的企业组成的技术联盟（complementary alliance）、与政府有关部门和学校等非企业组织组成的技术联盟（facilitating alliance）。日本学者首藤信彦[③]以企业在技术资源方面的不同互换方式为标准将企业联盟分为五种具体类型：交叉型联盟（不同行业企业互换技术资源）、竞争战略型联盟（竞争对手企业在特定研究开发领域结成联盟）、短期型联盟（拥有先进技术的企业与拥有市场优势的企业联盟）、环境变化适应性联盟（多个企业为适应市场环境变化大规模合理调配技术资源而进行的联盟）、开拓新领域型联盟（多个企业共同提供某种新技术的战略联盟）。

更常见的分类依据是联盟的治理结构，包括权益式联盟和非权益式联盟[④]。其中，权益式联盟是指各参与方共同出资而建立的某种产权共享的合作关系，这种基于产权纽带建立的紧密合作关系使得参与方之间互相依存、共同经营。表现为股份合资、交叉持股和单方持股等形式。而非权益联盟则是各参与方通过协议而建立的合作关系，联盟参与方之间没有股权交换和共享而仅仅借助于契约来维持合作关系；包括单边合作协议（许可协议、技术转让协议等）以及双边或多边合作协议（联

① Joseph L. Badaracco Jr. , *The Knowledge Link: How Firms Compete Through Strategic Alliances*, Cambridge: Harvard Business Review Press, 1990, pp. 66 – 68.

② Peng, S. , Heide, D. , “Strategic Alliances in Technology: Key Competitive Weapon”, *SAM Advanced Management*, No. 8, 1993.

③ ［日］首藤信彦:《超越国际技术联合》,《世界经济评论》1993 年第 8 期。

④ David C. Mowery, Joanne E. Oxley, Brian S. Silverman, “Strategic Alliances and Interfirm Knowledge Transfer”, *Strategic Management Journal*, Vol. 17, 1996.

合研发协议、技术共享协议）。自20世纪90年代以来，高技术行业中85%的联盟采用了非权益性的或合同基础上的联盟形式[①]，其主要原因是非权益性质的联盟具有较强的灵活性，联盟各方相互之间的依赖程度不如权益性质的合资企业强烈，相对于纯粹的层级组织而言，联盟内部化的程度也不深，因此这样的联盟在高度不确定的环境中既能发挥合作各方的互补优势，彼此之间又相对独立，比较起正式的“准层级组织”的合资企业有更大的柔性。但是在技术相对成熟、合作的目的在于进入某一特定市场时，采用正式的联盟形式可能更合适，它能够把合作各方的利益紧密地联系在一起。

三　技术创新联盟的形成机理

技术创新联盟是一个动态的发展过程，从最初的生产联盟到如今的技术创新联盟经历了一个复杂的变化过程。技术创新联盟是市场经济条件下产学研结合的新型技术创新组织，有利于提高产学研结合的组织化程度，在战略层面建立持续稳定、有法律保障的合作关系；有利于整合产业技术创新资源，引导创新要素向优势企业集聚；有利于保障科研与生产紧密衔接，快速实现创新成果的产业化；有利于促进技术集成创新，推动产业结构优化升级，提升产业核心竞争力。随着技术创新联盟在全球范围内的兴起，学术界对这种现象特别是其形成机理给予了极大的关注，纷纷从交易成本理论、价值链理论及企业能力理论等角度对此做出经济学理论上的解释，不同观点的争鸣和交锋，给我们带来了有益的启示。技术创新联盟的动机可以归纳为以下几个方面：一是通过加入联盟，从联盟伙伴那里获取在要素市场不能轻易获取的互补性资源，或者从联盟伙伴那里获取关键的信息、隐性知识或技能，以构建自己的技术能力[②]，提高创新效率。正是这种学习的动机以及学习的复杂性把技术创新联盟与其他类型的联盟例如合

---

① Hagedoorn, John, Albert N. Link, Nicholas S. Vonortas, “Research Partnerships”, *Research Policy*, Vol. 29, No. (4－5), 2000.

② Kale, P., Jeffrey H. Dyer, Harbir Singh, “Alliance Capability, Stock Market Response and Long-term Alliance Success: the Role of the Alliance Function”, *Strategic Management Journal*, Vol. 23, No. 8, 2002.

作生产、营销和销售协议区分开来。二是应对市场变化和技术研发的不确定性，降低研发过程中的风险，促进技术转移，提高技术创新绩效。联盟的动机和目标往往是多维的。在合作过程的不同时期，其目标亦处于动态调整之中。对于不同行业和部门以及产业生命周期的不同阶段，联盟的动因排序也会不同[①]。此外，不同的联盟动因还会导致联盟方式和联盟治理结构的变化，也会对联盟绩效产生影响[②③]。

四 评述

技术创新联盟作为传统产学研合作创新的延续和发展，已成为推动产业结构转型和升级，实现科技和经济协调发展的重要手段，它突出强调了通过技术创新联盟来实现技术的突破，并将科技成果商品化和产业化，其实质是通过联盟合作者发挥各自在技术创新过程中的比较优势，以谋求自身利益的最大化。

海水养殖业作为中国的弱质基础性产业，在基础研究和应用基础研究方面较为薄弱，原创性成果不多，致使高新技术研究明显滞后，科技成果储备及有效供给明显不足，许多制约产业发展的关键共性技术问题长期得不到解决。为了突破海水养殖关键共性技术，降低产学研各方合作研发过程中可能产生的风险，提升整个产业的技术水平，非常有必要构建海水养殖业技术创新联盟，在龙头养殖企业、科研院所及其他相关组织之间形成长期紧密的合作伙伴关系；联盟组建必须以养殖企业的发展需求和各方的共同利益为基础，通过联盟组织体系的构建和运行机制的设计促进各盟员之间的技术学习和知识创新；由于突破海水养殖关键共性技术存在着高度不确定性，为了发挥各盟员的资源优势和技术优势，应选择柔性较强的非权益方式组建联盟。

---

① Florida, R., "The Globalization of R&D: Results of a Survey of Foreign-Affiliated R&D Laboratories in the USA", *Research Policy*, Vol. 26, No. 1, 1997.

② 苏中锋、谢恩、李垣：《基于不同动机的联盟控制方式选择及其对战略绩效的影响——中国企业联盟的实证分析》，《南开管理评论》2007年第5期。

③ 章熙春、蒋兴华：《合作动机对产学研战略联盟建设绩效影响的研究》，《中国科技论坛》2013年第6期。

第二节　知识网络理论综述

哈耶克（Hayek）曾指出，企业知识来源于两方面：一是企业内部，企业依靠自己投入的资源来生产知识，包括技术知识、决策常规程序等。但这种策略需要花费较长的时间和较多的资源，在竞争激烈且知识生命周期大大缩短的今天，企业试图完全依靠自身力量获取关键性资源是相当危险的。二是来自企业外部，通过市场交易和网络等方式来获得知识。从经济学的成本收益出发，网络是获取新知识的一种最佳形式；而更深层次的意义在于，以组织学习为特征的知识网络能够动态演化从而主动地适应外部环境。美国国家科学基金会就曾启动一项旨在扩展现有知识网络边界的研发项目，以推动组织之间的互动和知识流动。而西德的塑料产业之所以拥有国际竞争力，其原因也在于该产业中客户与竞争者之间形成了知识网络，导致创新信息的共享度非常高。可见，无论基于国家层面还是产业层面，知识网络都显示出其对于构筑国家和产业竞争优势的重要意义。

一　知识网络的内涵

为了明确知识网络的内涵，首先需要对知识和网络进行定义。知识是一个宽泛而抽象的概念，始于古希腊时期的西方哲学。野中郁次郎（Nonaka）和休伯（Huber）认为，知识是一种得到了证明的、能够提高个人行为有效性的信念。在对知识进行的众多分类中，最具代表性的是迈克尔·波兰尼（Michael Polanyi）的分类，他将知识分为隐性知识和显性知识。隐性知识（tacit knowledge）是指那些不能很清楚地表达出来的知识，这类知识只能存在于人们的手中和头脑中，只能通过行动表达出来。显性知识（explicit knowledge）是指那些已经被获取的，并被编写成册、程序和规则的，易于传播的知识。网络的概念起源于20世纪60年代，它最初被描述为一种纤维线、金属线或其他类似物连接成一种“网”的结构。到20世纪80年代，网络的概念开始流行。网络通常被用来描述拥有一定资源的行动主体之间关系的复杂结构。

知识网络的研究始于20世纪90年代中期，其概念最早是由瑞典工业界提出的。贝克曼（Beckmann）从要素和功能角度将知识网络描述为进行科学知识生产和传播的机构和活动。小林（Kobayashi）[①] 对知识网络进行了更全面的阐释。他认为知识网络是由结点集合及结点间联系所组成的系统；公司是知识网络的结点，结点具有知识的集中生产能力和永久的活动能力，具有知识生产的基础设施，拥有较高的人力资本水平；结点间的联系通过基础设施、交通网络和电讯网络促使知识信息在结点间流动。

有些学者强调知识网络的社会属性。索伊弗特（Seufert）等[②]认为知识网络在本质上是一种社会网络，是为积累和使用知识而组合在一起的人、资源及其关系。美国国家科学基金会有关“知识网络”的研究项目认为知识网络是一个提供知识、信息利用的社会网络，它关注跨越时间、空间的知识整体，通过生产、共享和利用一个共同知识仓库来分析和解决一些特定的问题。陈红等[③]研究的知识网络，是指知识体（个人或组织）之间进行知识活动（知识学习、知识共享、知识创新）所形成的特定连接机制，包括作为知识载体的个人或组织、知识活动遵循的观念原则与规范体系、为完成知识活动设置的机构与设施等。这一意义上的知识网络运作，更注重人与人之间、人与组织之间以及组织与组织之间形成的社会网络的规制，而数字信息网络成为一种手段和媒介。纪慧生等[④]认为，从宏观层面上看，知识网络是一个社会网络，这个网络要吸纳、创造、转移、交易和交流知识，深深地根植于社会、经济、合同和行政关系形成的网络中；从微观层面上看，知识网络是企业与外部知识和信息交换的过程，是企业为实现自身不断发展所构建的网络系统。

有些学者从知识管理角度来研究知识网络。李丹等[⑤]认为知识网络是

---

① Kiyoshi Kobayashi, “Knowledge Network and Market Structure: an Analytical Perspective”, from D. Batten et al., *Networks in Action: Communication, Economics, and Human Knowledge*, Springer-Verlag Berlin-Heidelberg, 1995, pp. 127 – 158.

② Seufert, A., Von Krogh, G., Bach, A., “Towards Knowledge Networking”, *Journal of Knowledge Management*, Vol. 3, No. 3, 1999.

③ 陈红、和金生、贾茹等：《组织变革中的“融知—发酵”研究》，《中国地质大学学报》（社会科学版）2005 年第 5 卷第 2 期。

④ 纪慧生、卢凤君：《企业知识网络研究综述》，《现代商业》2007 年第 21 期。

⑤ 李丹、俞竹超、樊治平：《知识网络的构建过程分析》，《科学学研究》2002 年第 20 卷第 6 期。

组织为适应知识管理的需要，有效弥补知识管理运作中存在的知识缺口，而基于组织知识链中的知识管理环节，与能为其提供所缺知识的外部组织进行合作所构成的网络体系。侯吉刚等[①]认为企业网络是一种利于知识共享的企业间的通道，是一种跨企业界面的知识管理组织形态。万君等[②]提出知识网络各组织成员之间合作的目的，是为了实现来自不同组织的知识跨越空间和时间的整合，有效弥补组织自身知识的不足，实现组织成员之间的知识流动、知识共享与知识创造，提高组织知识管理运作成效。

二 知识网络的要素与结构

按照哈克逊（Hakansson）的观点，网络应该包括三个基本的组成要素：行为主体、活动的发生和资源。其中，行为主体不仅包括个人、企业或企业群，而且还包括政府、中介组织机构、教育和培训组织；网络中的活动包括网络中行为主体内部知识、信息等的传递活动，企业外部的交易活动，连接到企业外部的活动，以及整个网络中行为主体之间的信息、知识、技术等资源和生产要素的流动等相关活动；而资源则包括物质资源、金融资产和人力资源等。网络就是具有参与活动能力的行为主体，在主动或被动地参与活动过程中，借助资源的流动，所形成的彼此之间正式或非正式的关系总和[③]。

对知识网络要素与结构进行比较全面论述的是索伊弗特等人。他们指出，知识网络框架由以下三要素组成：一是行为主体（包括个人、小组、组织）；二是行为主体之间的关系（这些关系可以根据形式、内容和强度来分类）；三是各行为主体在它们之间的关系中所运用的资源和制度特性（包括结构维度和文化维度，例如控制机制、标准处理程序、范式和规则、交流模式等）。这些要素被组合在一起，在知识的创造和转移过程中积累和使用知识，并最终实现价值创造。这些学者还从以下三个模

① 侯吉刚、刘益：《基于企业网络结构属性的知识管理研究》，《科学管理研究》2008 年第 26 卷第 1 期。

② 万君、顾新：《知识网络形成的进化博弈分析》，《统计与决策》2009 年第 4 期。

③ 盖文启：《创新网络——区域经济发展新思维》，北京大学出版社 2002 年版，第 55—60 页。

块对知识网络进行解读：（1）环境条件：是指能够对知识创造和转移产生促进或约束作用的环境，包括网络内部的结构维度（组织结构、管理系统）和文化维度（公司文化、网络文化）。（2）知识运作过程：是指显性知识和隐性知识之间动态转化的螺旋上升过程[①]，包括个人或组织层面上的社会互动和交流过程。（3）网络基础结构：是指用于社会关系中的各种工具。一是组织工具，如促进公司内知识创造行为的个人、团队或部门等积极活动者（activists）[②]；二是信息交流工具，如用于促进知识运作过程的数据仓库概念。然而，这三个模块之间并不是相互独立的，例如，网络结构不仅仅是模块化工具的集合，还需要将结构设计与知识运作过程相结合，而知识运作过程则需要与网络环境和文化相匹配。

三 知识网络中的知识活动

知识网络运行绩效取决于网络内知识活动的开展情况。综合上述知识网络概念，知识网络内的知识活动涉及知识获取、知识创造、知识学习、知识共享、知识溢出和知识扩散等。目前，针对某一具体知识活动的研究成为热点，包括网络结构与知识活动之间的关系研究、对某一类知识活动及其影响因素的研究、知识活动的保障机制和调控机制研究等。

首先，网络结构与知识活动之间的关系研究。这一方面的研究可以分为两类。一类是网络结构对知识活动的影响机理研究。比如，实证研究[③]表明，强联系网络对于复杂知识的转移更有效，而弱联系网络对于简单知识的转移更有效。此外，强联系由于与其他行为者的频繁互动而对知识的转移有很好的效果，而弱联系由于冗余信息的减少因而对发现新知识非常重要。阿费加（Ahuja）[④] 指出，网络的强联系既能提供资源共享，又能促进

---

① Nonaka, I. , Konno, N. , "The Concept of 'Ba': Building a Foundation for Knowledge Creation", *California Management Review*, Vol. 40, 1998.

② Von Krogh, G. , Nonaka, I. , Ichijo, K. , "Develop Knowledge Activists!", *European Management Journal*, Vol. 5, No. 15, 1997.

③ Hansen M. T. , "The Search-Transfer Problem: The Role of Weak Ties in Sharing Knowledge Across Organization Subunits", *Administrative Science Quarterly*, Vol. 44, No. 1, 1999.

④ Ahuja, G. , "Collaboration Networks, Structural Holes and Innovation: A Longitudinal Study", *Administrative Science Quarterly*, Vol. 45, No. 3, 2000.

知识溢出；而弱联系只促进知识溢出却不能提供资源共享。另一类研究则是围绕知识活动对知识网络动态演化的作用机制而展开。有些知识网络是自然形成的，我们所需要做的是怎样提供一定的外界环境对其加以培育以提高其绩效；而有些则需要人为构建。但无论是哪一种，网络的参与者都需要以共同的语言、共同的价值观和目标作为基础。网络具有动态演化特性，借助知识学习活动，知识资源网络可以被持续地扩展，从而反过来进一步促进网络中的技术学习活动。

其次，对某一类知识活动及其影响因素的研究。上面我们谈到，网络结构由于影响知识流动进而影响创新活动，但创新活动并不唯一地取决于网络结构，它还依赖于特定的网络环境及其他一些因素。斯特凡诺（Stefano）等人①就研究得出影响知识网络内知识活动的因素是多层面的，除了网络结构之外，诸如知识本身的性质、企业的吸收能力等都是影响网络内知识活动的重要因素。国内这方面的研究也比较多。庄亚明等②研究了高技术企业知识联盟中的知识转移影响因素包括：模糊性、隐性、特殊性、复杂性、合作者的经验、合作者的自我保护、合作者的文化差异。汤建影等③研究了研发联盟企业间知识共享的影响因素包括企业所拥有的知识性资源、企业的组织学习能力、共享知识的技术属性、共享过程的沟通与信任、企业文化。

最后，是有关网络内知识活动的保障机制和调控机制研究。肖玲诺④等探讨了产学研知识创新联盟知识链运作的风险控制机制。顾新等⑤分析了知识链成员之间的相互信任问题及其对知识网络绩效的影响。祁红梅等⑥研究

---

① Stefano, B., Francesco, L., "Localized Knowledge Spillovers vs Innovative Milieux: Knowledge Tacitness Reconsidered", *Papers Region Science*, Vol. 90, No. 2, 2001.

② 庄亚明、李金生：《高技术企业知识联盟中的知识转移研究》，《科研管理》2004 年第 6 期。

③ 汤建影、黄瑞华：《研发联盟企业间知识共享的影响因素分析》，《科技管理研究》2005 年第 6 期。

④ 肖玲诺、史建锋、孙玉忠等：《产学研知识创新联盟知识链运作的风险控制机制》，《中国科技论坛》2013 年第 3 期。

⑤ 顾新、李久平：《知识链成员之间的相互信任》，《经济问题探索》2005 年第 2 期。

⑥ 祁红梅、黄瑞华：《知识型动态联盟信任缺失与对策研究》，《研究与发展管理》2005 年第 2 期。

了知识型动态联盟信任缺失问题及其对策。李文博等[①]研究了基于信任和合作、少量的控制和规则与反馈机制的网络动态演化规律。

四 技术创新联盟中的知识网络

知识网络不仅存在于个体、群体、公司层次，也存在于联盟层次。从国外文献来看，近20年来，将知识网络与技术创新联盟结合起来研究的文献大量涌现，这类文献提出了“知识联盟”的概念。英克彭（Inkpen）[②] 是最早研究知识联盟的主要代表人物之一，他认为：知识联盟是战略联盟的一种，是指企业与企业或其他机构通过结盟方式，共同创建新的知识和进行知识转移。诺曼认为知识联盟是指企业在实现创新战略目标的过程中，为共享知识资源、促进知识流动和创造新知识，与其他企业、大学和科研院所之间通过各种契约或股权而结成的优势互补、风险共担的网络组织。许多学者开始关注联盟中知识网络存在并蓬勃发展的深层次原因。蒂斯（Teece）[③] 认为采用知识联盟的形式来相互获取或共同开发知识资源可有效降低知识的交易成本。纳鲁拉[④]将知识联盟视作一种新兴的合作创新模式，这一模式因分担研发风险，实现研发活动的规模经济和范围经济而大大提高了知识创新的效率。陈菲琼[⑤]认为企业知识联盟的动机在于复杂的学习动机、分散研发资金、分散创新风险、进入国际市场，以提高企业的核心能力。常荔[⑥]认为企业参与知识联盟的动机在于两方面：一是与降低风险和成本有关的动机，

① 郝云宏、李文博：《基于耗散结构理论视角的企业知识网络演化机制探析》，《商业经济与管理》2009年第4期。

② Inkpen, A., “Learning Knowledge Acquisition and Strategic Alliance”, *European Management Journal*, Vol. 16, No. 2, 1998.

③ Teece, David J., “Competition, Cooperation and innovation: Organizational Arrangements for Regimes of Rapid Technological Progress”, *Journal of Economic Behavior and Organization*, No. 18, 1992.

④ Narula, R., Hagedoorn, J., “Innovating Through Strategic Alliances: Moving Towards International Partnerships and Contractual Agreements”, *Technovation*, Vol. 19, No. 5, 1999.

⑤ 陈菲琼：《企业知识联盟——理论与实证研究》，商务印书馆2003年版，第37—40页。

⑥ 常荔：《知识联盟：构建、学习与管理》，博士学位论文，华中科技大学，2002年，第56页。

包括研究开发的规模经济效应、技术的协同效应、降低研究开发活动所固有的风险、改善企业对创新成果的独创性；二是与技术学习有关的合作动机，即获得伙伴的经验知识和技能、进行技术转移。

依据帕累托优化理论，技术创新联盟的建立是基于联盟各方均获得最佳利益的原则，因而技术创新联盟结构的变化有利于改进联盟网络的整体功能，因而技术创新联盟结构呈现出有序性和随机性并存的结构特征，是典型的复杂网络组织。从复杂网络的角度来看，技术创新联盟是由人、群体或组织所构成的网络，表现出与一般网络拓扑结构不同的网络属性，它具有高度的局部集团化特征和较短的全局平均路径长度，介于高度有序和高度随机之间，即小世界网络特性①。

作为网络结构理论研究的突破性成果，小世界网络理论由于能够采用定量分析的方法来探讨网络结构对网络功能的影响并实现网络功能的优化，因此被国内外学者应用于对技术创新联盟知识流动的研究当中。国外学者研究发现科学联盟网络的结构具有小世界特性②。有研究针对生物科技产业联盟研究了联盟网络的拓扑和动态体系，指出为了获取核心能力，生物科技产业创新联盟网络是无标度网络且具有小世界网络效应③。还有研究探讨了联盟网络结构与企业创新潜力的关系，并指出联盟网络具有高集聚和短路径的特点，由于该特点能够促进交流和合作，因此嵌入在联盟网络中的企业拥有更强的创新能力④。此领域的研究也逐渐受到国内学者的广泛关注。这些研究大都通过分析小世界网络模型及其生成规则，指出了联盟创新网络具有典型的小世界网络特征，并据此提出了促进网络结构优化、加强联盟合作创新绩效的若干启示，包括通过对企业创新网络的断键重连来实现全球性的资源共享和技术互补、

① 汪孟艳、陈通：《小世界网络在产学研知识流动中的应用述评》，《西安电子科技大学学报》（社会科学版）2002 年第 22 卷第 3 期。

② Newman, M. E. J., "The Structure of Scientific Collaboration Networks", *Proceedings of the National Academy of Sciences of the United States of America*, Vol. 98, No. 2, 2001.

③ Gay, B., Dousset, B., "Innovation and Network Structural Dynamics: Study of the Alliance Network of a Major Sector of the Biotechnology Industry", *Research Policy*, Vol. 34, No. 10, 2005.

④ Schilling, M., Phelps, C., "Interfirm Collaboration Networks: The Impact of Large-Scale Network Structure on Firm Innovation", *Management Science*, Vol. 53, 2007.

减少创新网络特征路径长度构建良好的信息资源获取和传递机制、重视创新网络关键结点的建设以增强网络的稳定性、构建区域性产业集群等[①②]。

近些年，国外学者运用复杂的图像分析工具对大量的调查数据进行量化分析，将小世界网络应用于对技术创新联盟网络内的知识流动的研究当中。比如，有学者专门针对化学、食品和电力行业构建的技术创新联盟开展了研究，他们运用社会资本和结构洞理论，发现这些行业的技术创新联盟网络具有小世界网络特征，并指出这一网络结构特征对知识转移的促进作用[③]。有学者运用社会网络分析方法，对知识转移过程建立模型，探讨了网络结构与知识转移效率之间的关系[④⑤]，并得出研究结论：小世界网络是促进知识流动最有效和合适的结构。国内学者在该领域的研究起步较晚，研究方法主要是通过提取小世界网络的统计特性，利用小世界网络的聚类系数和特征路径长度的基本结构特性来分析产学研合作中的知识转移活动。他们认为技术创新联盟的实质是形成知识流动的网络。知识流动是指联盟成员与技术创新系统各个要素之间在相互作用中进行的知识交流活动，主要体现为知识在网络主体之间的转移、共享、整合和学习的过程。而技术创新联盟创新绩效就取决于知识能否在网络内有效地流动。

五 评述

从上述讨论来看，知识网络之所以对其间行为主体的创新活动产生促进作用，在很大程度上是因为该网络能够促进知识在各行为主体之间

---

① 樊霞、朱桂龙：《基于小世界模型的企业创新网络研究》，《软科学》2008 年第 22 卷第 1 期。

② 冯峰、王亮：《产学研合作创新网络培育机制分析——基于小世界网络模型》，《中国软科学》2008 年第 11 期。

③ Verspagen, B., Duysters, G., "The Small Worlds of Strategic Technology Alliances", *Technovation*, Vol. 24, No. 7, 2004.

④ Cowan, R., Jonard, N., "Network Structure and the Diffusion of Knowledge", *Journal of Economic Dynamics & Control*, Vol. 28, 2004.

⑤ Kim, H., Park, Y., "Structural Effects of R&D Collaboration Network on Knowledge Diffusion Performance", *Expert Systems with Applications*, Vol. 36, 2009.

的转移、扩散和共享。从知识网络角度研究技术创新联盟更能够从本质上把握技术创新联盟促进联盟成员技术能力提升的内在机理。因为基于知识网络的渔业技术创新联盟研究关注的是技术创新联盟内各行为主体之间的知识运作过程，更加强调联盟创新战略目标中的知识获取、知识共享、知识转移和知识扩散机制。我们可以将知识网络中的一些理论方法和工具运用到技术创新联盟的研究中去，通过探讨技术创新联盟中知识网络的行为主体、行为主体之间的关系、网络结构等方面的问题为整个研究提供分析框架。在此基础上，重点探讨联盟网络内分别拥有大量异质性专业技术、知识和经验的组织，如何在联盟框架内进行频繁的合作互动，如何开展各类知识活动并最终实现联盟的技术创新战略目标。这其中，技术创新联盟所拥有的制度特性是一般意义上的企业之间的知识网络所不具备的，并且会对联盟内知识活动绩效产生重要影响，因此需要特别关注。

第三节　海水养殖业技术创新内涵界定及特征分析

一　渔业技术链

产业链是指某一行业中从最初原材料生产到初步加工、精加工、最终产品生产直至最终产品到达消费者手中的整个过程。它反映的是各产业之间以及产业内部各部门、各环节之间的内在关联。渔业作为中国国民经济中的一个重要部门，属于中国“大农业”的组成部分，同样也存在一条产业链。渔业产业链主要包括鱼苗育种与供应、鱼产品的生产与供应、鱼产品的加工、鱼产品的销售以及鱼产品的储藏和运输等环节，其中鱼产品的储藏和运输环节是其他环节之间相互联系的纽带，它贯穿于整个产业链的始终①②。

① 都晓岩、卢宁：《论提高我国渔业经济效益的途径——一种产业链视角下的分析》，《中国海洋大学学报》（社会科学版）2006年第3期。

② 王凯：《中国农业产业链管理的理论与实践研究》，中国农业出版社2004年版，第87—91页。

基于渔业产业链，我们进一步分析渔业技术链（见图2-1）。渔业技术链包含两层含义。第一层含义：从渔业产业链的横向延伸方向来看。渔业产业链的各个环节是一种或多种渔业技术组合的结果。这些物化于渔业产业链上下游环节的各种技术形成了一种链接关系。比如，鱼苗育种与供应环节需要养殖技术；鱼产品生产与供应环节需要增养殖技术、捕捞技术、饲料技术、病害防治技术等；鱼产品加工环节需要加工技术、综合利用技术、保鲜技术等；鱼产品销售环节则需要保鲜技术等。第二层含义：从垂直于渔业产业链的方向来看。以养殖技术为例，养殖技术具体包括细胞基因工程技术、网箱工厂化养殖技术等；而这类技术又是以生物技术、控制技术、自动化技术、计算机技术、新材料技术、机械技术等上游技术的获得和使用为前提的。因此，渔业技术之间形成了基于技术本身之间逻辑承接关系的链接关系。

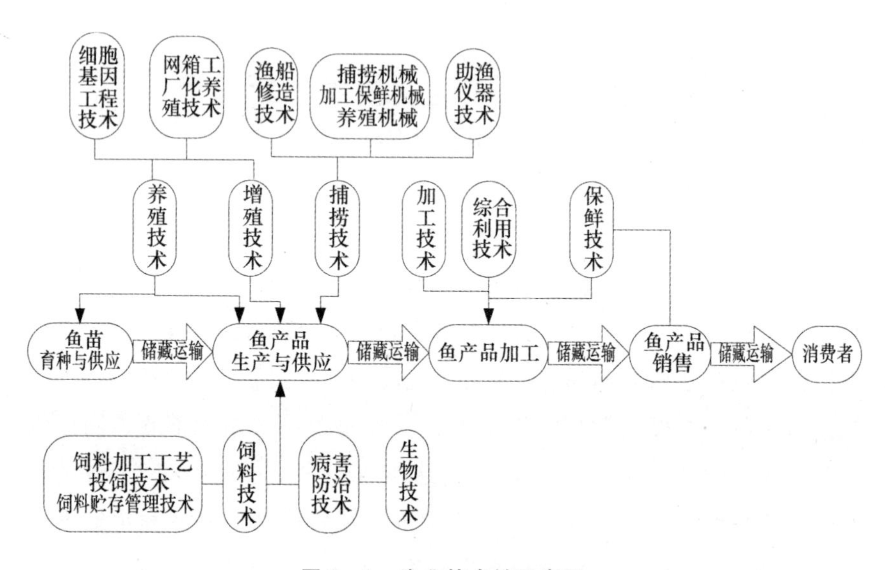

图2-1　渔业技术链示意图

按照国际惯例，鱼加工产品、苗种、饲料、渔药、渔机、渔船等属于工业产品。这类渔业产品的技术创新成果属于私人产品的范畴，它们在消费上具有排他性和竞争性，因此，生产这类渔业产品所需技术的创新过程具有与工业技术创新活动类似的规律。而渔业又是广义农业的组成部分，属于弱质基础产业；渔业特殊的产业特性决定了其技术创新活动必然具有与包括农业在内的其他产业不同的规律和特征。因此，要想从本质上把握渔业技术创新的规律，就应该深入探索鱼产品生产与供应环节的养殖技术创新活动的特征。

二　海水养殖业技术创新的内涵界定

目前虽然有少数文献对渔业科技创新进行了探讨，但具体到海水养殖业技术创新的研究几乎没有。通过借鉴农业技术创新活动的研究及相关理论[①][②][③][④][⑤][⑥]，本书将对海水养殖业技术创新的内涵进行界定。

海水养殖业是指在人工控制下，利用浅海、滩涂、港湾等水域从事鱼、虾、贝、藻等海水经济动植物的繁殖和养成以获取水产品的生产事业。海水养殖业技术创新有狭义和广义之分。狭义的海水养殖业技术创新是指海水养殖科技成果（新的养殖品种、养殖工艺、养殖方法、养殖模式、养殖设备）在海水养殖生产实践中的首次成功应用。而广义的海水养殖业技术创新可以从技术创新链的角度来阐释，即海水养殖业技术创新活动包含三个子过程：（1）养殖新技术的研究与开发：包含基础研究、应用基础研究、应用研究、开发研究；（2）养殖新技术向渔业生产实践的推广应用：是指将养殖新技术向养殖企业和养殖户的推广；（3）应用新技术所获得的养殖水产品的市场销售、产生效益的过程。这三个子过程相互依存、环环相扣，通过海水养殖科技成果向现实生产力的转化，促进渔业生产、社会经济、生态效益等目标的实现。

对于海水养殖业技术创新的界定，也可以从技术创新要素和创新网络的角度来理解。海水养殖业技术创新是指在由高等院校、科研机构、养殖企业、养殖户、技术中介组织以及政府相关机构等主体要素组成的

① 傅家骥：《技术创新学》，清华大学出版社1998年版，第65—70页。

② 柳御林：《技术创新经济学》，中国经济出版社1993年版，第35—57页。

③ 顾海英：《农业技术创新的界定》，《科学管理研究》1997年第5期。

④ 陈会英等：《中国农业技术创新问题研究》，《农业经济问题》2002年第8期。

⑤ 邵建成：《论农业技术创新的涵义、特征、行为主体及其相互关系》，《中国农学通报》2002年第2期。

⑥ 白献晓等：《农业技术创新主体的界定与特点分析》，《中国科技论坛》2003年第6期。

网络系统中，各创新主体通过合作互动来整合创新资源，共同开展海水养殖技术的研究开发、试验推广、生产应用、产品销售等活动，最终实现海水养殖业的价值创造和可持续发展。

三 海水养殖业技术创新的特征分析

除了具备与工业技术创新所具有的创造性、高风险、高投入、高收益等相似的特征外，海水养殖技术创新还具有以下特点①②③：

（一）技术创新主体多元化

由于现代技术创新的强科学性，知识的日益分化和日趋综合，使得在创新过程中所遇到的“科学瓶颈”不是单个主体所能克服的，它必须依赖主体之间的频繁互动以共享科学知识、市场需求信息和产业发展信息，为创新主体提供决策依据。海水养殖业技术创新主体包括科研机构、高等院校、养殖企业、养殖专业户、政府机构、社团组织、媒体等。这些主体在技术创新活动中发挥着不同的职能作用。科研机构和高等院校是水产行业科学研究的主导力量，它们在基础理论研究、应用基础研究、应用研究、技术开发和行业人才培养方面发挥着重要作用。而这并不意味着其他主体的无所作为。虽然中国现阶段还没有形成以企业为主体的技术创新体系，但龙头企业正成为海水养殖业技术创新过程中越来越重要的角色；它们不仅是海水养殖科学技术的使用者，同时也是研发者。与工业技术创新相比，政府机构在海水养殖技术创新过程中发挥的作用非常关键。由于海水养殖技术创新的公益属性，致使企业创新动力不足。在这种情况下，由政府出资或补贴公共科研机构进行科学研究并促进成果转化就十分必要。除此之外，政府履行的职能还包括制订养殖业科技发展规划、选择促进养殖业科技进步的政策、巩固养殖业科

① 尹洪娟、宋俊骥、陈光：《农业技术创新：特点、困难和政府介入》，《科学学与科学技术管理》2003 年第 10 期。

② 宋燕平：《农业产业链的技术创新特征研究》，《科技进步与对策》2010 年第 27 卷第 15 期。

③ 肖焰恒：《可持续农业技术创新理论的构建》，《中国人口·资源与环境》2003 年第 13 卷第 1 期。

学投资、保护养殖业高新技术知识产权、规范养殖业高新技术交易秩序、推动建立多元化水产技术推广体系等，具有强制性、公共性、普遍性和非营利性等特征。社团组织发挥着行业技术创新服务职能，这些组织的设立增强了技术创新主体协调各方面服务资源的能力，完善了养殖技术创新环境。媒体旨在传播水产学科知识和行业发展信息，在提高科技成果转化率、提高水产行业从业者的素质等方面发挥了至关重要的作用。[①] 可见，海水养殖业技术创新的研发、试验、示范、推广等一系列过程是由多个行为主体参与合作互动完成的。

表 2－1　　　　**海水养殖业技术创新主体**

技术创新主体	要素	职能
政府机构	农业部渔业局 国土资源部海洋局 各省市（地）相应管理机构	制订渔业科技发展规划 选择促进渔业科技进步的政策 巩固渔业科学投资 提供渔业 R&D 活动支持 保护渔业高新技术知识产权 规范渔业高新技术交易秩序等
海水养殖主体	海水养殖企业 海水养殖专业户	渔业科学技术的使用者 渔业科学技术的研发者
科研机构	农业部系统涉渔科研机构（国家、省、直辖市、市、县各级水产科研机构）	应用基础理论、应用研究和技术开发
	国土资源部海洋局系统涉渔科研机构	侧重海洋资源研究
	中科院系统涉渔科研机构	侧重基础理论研究
高等院校	水产高校、综合大学下辖水产学院	行业人才培养与科学研究
社团组织	评审与行业管理组织、水产标准化机构、学会、协会、研究会、协作组及顾问组	为行业发展提供相关服务
媒体	网络平台、期刊	传播水产学科知识和水产行业信息

资料来源：杨宁生[②]，笔者略作修改。

（二）海水养殖技术创新模式丰富

海水养殖业技术创新包括原始创新、集成创新、引进消化吸收再创

① 杨宁生：《科技创新与渔业发展》，《中国渔业经济》2006 年第 3 期。

② 同上。

新等模式。原始创新主要集中在基础科学和前沿技术领域，是为未来发展奠定坚实基础的创新；具体来说，就是要开展重大渔业基础和应用研究，重大全局性和关键性技术研究。集成创新就是要以现有优势学科为主，广泛吸收相关学科的技术，开展多学科交叉组合，利用各种信息技术、管理技术与工具，对各个创新要素和创新内容进行选择、优化和系统集成，优化重组出对渔业可持续发展具有支撑作用的新技术，以更多地占有市场份额，创造更大的经济效益。引进消化吸收再创新就是开展渔业科技成果的引进试验、消化吸收、推广示范和在消化吸收基础上的二次创新。[1] 比如，自 1992 年黄海水产研究所雷霁霖院士从英国引进大菱鲆良种，经过近 20 年的发展，以大菱鲆养殖为主导的鲆鲽类产业已经拥有较好的技术和产业优势[2]。之所以会产生如此高的经济效益，根本原因在于中国科研人员对该引进品种在育苗、养殖、饲料等关键技术环节进行了大量的集成式创新。大菱鲆是原产于欧洲沿海的一种名贵深海比目鱼，该品种引进国内后首先面临的是育苗技术难关。大菱鲆的育苗技术长期被欧洲国家列为专利技术，其价值高达 60 万 ~100 万美元。因此当时，英方只提供了实验鱼苗，却未提供人工繁殖的任何技术细节。这就意味着一切要从零开始。雷教授率领他的课题组经过 7 年攻关，独立完成了繁养殖系列工艺探索，突破了多项关键技术，闯过了育苗难关，并实现 1 年内多批育苗、平均育苗成活率 17%（欧洲的平均成活率一直浮动在 10% ~15%）、年育苗总量连年超过 100 万尾。该技术成果已达到世界先进水平。在此基础上，该课题组又进行了引种驯化、苗种养成、亲鱼培育、苗种生产、中间培育、商品鱼养殖，以及胚胎及仔稚幼鱼发育、鳔器官发育等一系列基础研究项目，并首创了大菱鲆的“温室大棚 + 深井海水”工厂化养殖模式。进一步地，中国水产科学研究院黄海水产研究所又承担了“大菱鲆养成及亲鱼培育人工配合饲料研究”，紧密结合大菱鲆生理、生态及繁殖特点，采用生化分析和营养生理实验等方法研究大菱鲆养成期和亲鱼培育期的营养需求，研

---

① 杨宁生：《科技创新与渔业发展》，《中国渔业经济》2006 年第 3 期。

② 引自 http：//www. coi. gov. cn/oceannews/2004/hyb1281/82. htm。

制出符合大菱鲆生理、生态及繁殖需求的人工配合饲料配方。这项课题在中国首次系统研究了大菱鲆对蛋白、脂肪、糖及添加剂等营养因子的需求及科学配比，提高了亲鱼的繁殖能力、养殖成活率和饲料的转化率，饲料系数达到0.96。该课题还从环境和营养的角度对大菱鲆的白化现象进行了研究，研究成果属世界首创。可见，在大菱鲆的引进并实现产业化的过程中，既包含原始创新，也包含集成创新和消化吸收再创新。大菱鲆基因改良、遗传育种及其生理病理方面的研究成果属于原始性创新，其研究难度大、周期长、风险大。优良品种的选育、健康养殖、重大病害防治等方面的研究成果属于集成创新。而在此研发过程中对生物技术、信息技术以及先进仪器设备的应用则属于引进消化吸收再创新。这三种创新模式相互联系交织在一起，共同构筑了鲆鲽类养殖业的技术优势。

（三）海水养殖业技术创新过程的复杂性和高风险性

海水养殖业技术创新是一项系统工程，其技术创新过程受到众多复杂的外生因素的影响。这是由海水养殖业的行业特点决定的，海水养殖主要是探索海洋生物体内部规律及其与外界因素的关系，它涉及生物、环境、社会、经济等多种因素，因此技术创新过程中的不可控因素较多。

一是海水养殖业技术创新过程的影响因素众多。首先，从海水养殖业的生产环境来看。海水养殖业是利用浅海、滩涂、港湾等水域进行海水经济动植物养殖来获取水产品。海域是养殖对象赖以生存的外部介质，其物质（无机物、有机物和生物）组成非常复杂，这些物质的性质和含量又处于一系列复杂变化中，加之海水自身的理化特性，使得养殖水体成为海水养殖业技术创新过程的重要影响因素；再加上风暴潮、赤潮、病害、排海污水、外来物种入侵等自然和人类活动，更增大了海水养殖业技术创新过程的风险系数。其次，从海水养殖业的生产对象来看。目前的养殖业还基本依赖野生遗传资源，苗种生产仍然离不开野生资源的补充，这与农业中农产品的种质遗传资源基本实现人工化生产有所不同。粮油和肉蛋奶的品种相对于水产品种多样性而言，总体是稳定的，其种植养殖技术也是相对稳定的。渔业生产中除四大家鱼养殖具有较大规模、品种基本稳定之外，其余养殖品种的生命周期很短，物种更换周期短、速度快，很难形成全国性的大宗品种生产规模。海洋水产物种的多样性和消费者对水产品消费的需求特点也影响着海水养殖业技术创新活动的成本和收益。

二是海水养殖业的技术创新时滞较长。所谓技术创新时滞是指从最初的技术发明或技术专利的产生到最终作为实用化商品进入市场并为消费者所接受的长期过程。创新时滞广泛存在于各个创新领域，由于海洋生物体自身的生长规律以及其对自然环境的依赖性，使得海水养殖业技术创新时滞表现得更为显著。比如，海水养殖的鱼、虾、蟹、贝类等都是变温动物，环境温度变化对养殖品种的影响非常大；温度直接影响养殖品种的体温，体温的高低又决定了养殖品种的新陈代谢过程的强度和繁殖及生长发育的速度；自然温度的季节变化，引起养殖品种生长加强和减缓的交替，导致了养殖品种生长的季节性。因此，海水养殖业生产活动具有明显的季节性。从而导致在海水养殖业技术创新的研究开发阶段，新技术的实际应用效果与预期效果以及新技术的效益与现存技术的比较过程中，由于生物生长年限长，使得这一过程需要较长的时期。以对虾人工养殖技术的创新过程为例，从 20 世纪 60 年代初对虾幼体发育形态及生态研究成果的完成，到 70 年代的对虾全人工育苗、养殖技术、饵料开发，再到 80 年代对虾工厂化全人工育苗技术的攻关，最终创立高效、稳定、大批量对虾苗种生产的技术体系，前后历时 20 多年的时间。这固然与当时艰苦的科研条件有关，但更重要的则是由海水养殖业的行业特性所决定的。在信息技术发达的今天，海水养殖业项目研发周期一般也在 3 ~ 5 年。此外，在海水养殖新技术成果的推广应用阶段，由于受渔民文化素质较低以及新旧技术比较等因素的影响，这一阶段所花费的时间也会较长。此外，政府部门是否接受新产品以及如何为新技术确立行业标准，引导新技术的广泛应用等都需要较长的时间。

综上所述，海水养殖业的技术创新过程受到包括海洋生物体自身生长规律、海洋环境、人类活动等众多不可控因素的影响，技术创新活动具有很高的风险性；另外，海水养殖技术创新过程涉及多学科领域的知识，需要来自科研机构、大学、养殖企业等产学研各方的科研人员、技术人员的共同参与和通力合作。从经济学的角度看，创新是需要考虑成本的，充分整合企业、政府、科研院所、大学等主体的创新资源进行合作创新或组建联盟，是提高技术创新绩效的最佳途径。这也是当前海水养殖领域产学研合作创新或者创新联盟备受关注的原因所在。

（四）海水养殖业技术创新活动具有公共物品属性

渔业机械、饲料配方、分子生物技术及水产品加工技术等领域的科技成果在消费上具有排他性和竞争性，属于私人产品的范畴。而海水养殖业中有相当一部分技术创新成果具有消费上的非排他性和非竞争性，属于公共物品范畴。比如，对荣成海湾生境进行修复的技术研发成果，其成果应用的结果是海湾生态环境得以优化；由于海水的流动性，将使该研发成果惠及荣成周边海湾中进行养殖活动的所有企业或个人，即使它们并不为此付费。这便产生了“搭便车”的问题。再比如，某些新的养殖品种、新的养殖模式或者养殖技术研发成果，由于苗种的自我繁殖特性并且养殖作业空间在开放的水面进行，因此，有关这些新研发成果的相关知识会很容易在养殖企业、养殖户之间传播和扩散；养殖主体也就失去了购买该项研发成果的激励。从上述两个例子可以看出，如果由私人为这类创新活动买单，其供给量为零，即单凭市场机制不能保证创新的供给。此外，海水养殖业的技术创新活动在很大程度上是为全社会提供公共产品和服务的社会公益事业，它有利于渔业生态保护、渔业可持续发展，更加注重社会效益和生态效益目标；如果政府不采取一定的措施就不能保证创新成果有效率的供给。因此，海水养殖业技术创新不可能完全市场化，市场机制对该行业技术创新进行资源配置时缺乏效率甚至会失灵。海水养殖业的技术创新活动，尤其是那些关键共性技术的研发必须依靠由政府予以资助或补贴的公共研究部门来开展，才能达到创新资源的最优化配置。

四　评述

基于上述对海水养殖业技术创新概念的界定和特征分析，可以看出，海水养殖业的技术创新尤其是关键共性技术的创新，必须借助该领域公共研究机构、研究型大学、养殖企业和养殖户等产学研各方以及政府、中介组织等机构的通力合作。只有这样，才能克服市场机制对海水养殖业技术创新资源配置的无效率，才能有效地规避创新过程中的巨大风险。由于不同产业在产业特性、产业技术特点及技术创新规律方面差别很大，因此其开展合作创新活动的组织模式、合作过程、合作风险等都会有所差异。应该对不同产业的技术创新进行分类指导。[①] 虽然目前围绕农业技术创新进行研究的文献很多，但具体到养殖业，探讨其产学研合作创新活动的研究几乎没有，这也为本书探索海水养殖业产学研合作创新的规律提供了研究空间。

① 周元、王海燕：《关于我国区域自主创新的几点思考》，《中国软科学》2006 年第 1 期。

第三章

海水养殖业技术创新联盟
知识网络构建

第一节　海水养殖业技术创新联盟
知识网络基本内涵

一　海水养殖业技术创新联盟概念界定

海水养殖业技术创新联盟是指相关科研机构、高等院校、海水养殖企业、政府及科技中介机构之间，以海水养殖企业的发展需求和各方的共同利益为基础，以提升海水养殖业技术创新能力为目标，以契约形式形成的利益共享、风险共担的技术创新合作组织。相对于市场机制，海水养殖业技术创新联盟是一种在各个主体要素之间创造、共享、应用知识的高效率机制，能够有效促进整个海水养殖业技术水平的提升。

二　海水养殖业技术创新联盟知识网络概念界定

借鉴第二章有关技术创新联盟、知识网络等综述内容，本书认为，海水养殖业技术创新联盟知识网络是指在海水养殖业技术创新联盟内的各行为主体之间，通过正式或非正式的互动，借助各种资源的流动，所形成的旨在促进知识在联盟内部转移、学习、创造、共享的一系列关系的总和。联盟内知识活动是带动整个联盟组织运行的源动力，也是联盟运行和发展的终极目标。因此，构建技术创新联盟知识网络就是要借助各种资源载体为联盟内各个主体要素之间缔结关系纽带，为联盟内知识资源的创造性整合、存储、共享、应用等知识活动的开展提供平台支持。

第二节　海水养殖业技术创新联盟知识网络结构模型

欧洲区域创新调查（ERIS）研究小组在网络分类中曾经谈到了知识网络与创新网络的关系，认为知识网络是用来交流显性知识和隐性知识的，必须能够为行动者提供面对面直接交流的机会；创新网络则是知识网络中各行为主体之间信息联结的结果，它来自于知识网络中特定的专业知识和知识诀窍的创造性整合。由此看来，创新网络的本质是知识网络。如果从要素构成的角度看，两者是一致的；所不同的是两者的指向，创新网络更倾向于如何促进并保持区域持续的创新能力和竞争优势，而知识网络则主要是为了剖析区域内部的知识脉络，为提高区域内知识活动绩效寻找可行途径，但其最终目的仍旧是为了增强区域的创新能力。从这个意义上讲，本书所研究的海水养殖业技术创新联盟知识网络本质上仍是联盟这一区域内的创新网络。因此，借鉴有关创新网络及创新系统中关于要素和结构的论述①②③，来构建海水养殖业技术创新联盟的知识网络，将知识网络嵌入海水养殖业技术创新联盟背景下予以考察。海水养殖业的产业特性和联盟的制度特性会赋予知识网络独特的结构和功能④，并进一步影响到知识活动的规律和绩效。

本书将联盟知识网络划分为三个子网络（见图3－1）。一是知识生产扩散子网络：由联盟中发挥知识生产扩散功能的水产科研机构、研究型大学和科技中介机构组成，该子网络反映了这些主体要素之间的联结关系，揭示了它们在互动中的知识生产和扩散过程。二是知识应用开发子网络：

---

① Todtling, F., Kaufmann, A., "Innovation Systems in Regions of Europe: A Comparative Perspective", *European Planing Studies*, Vol. 7, No. 6, 1999.

② Cooke, P., Schienstock, G., "Structural Competitiveness and Learning Regions", *Enterprise and Innovation Management Studies*, Vol. 1, No. 3, 2000.

③ Cooke, P., "Regional Innovation Systems: General Findings and Some New Evidence from Biotechnology Clusters", *the Journal of Technology Transfer*, Vol. 27, No. 1, 2002.

④ 刘笑明、李同升：《农业技术创新扩散的国际经验及国内趋势》，《经济地理》2006年第26卷第6期。

由联盟中发挥知识应用开发功能的主体要素组成，该子网络反映了联盟中海水养殖企业之间的联结关系，揭示了企业在互动中的知识应用和开发过程。三是知识环境服务子网络：由联盟中发挥知识环境服务功能的主体要素组成，该子网络反映了联盟中政府等主体之间以及其与其他子网络主体之间的联结关系，揭示了它们在互动中的知识环境服务过程。

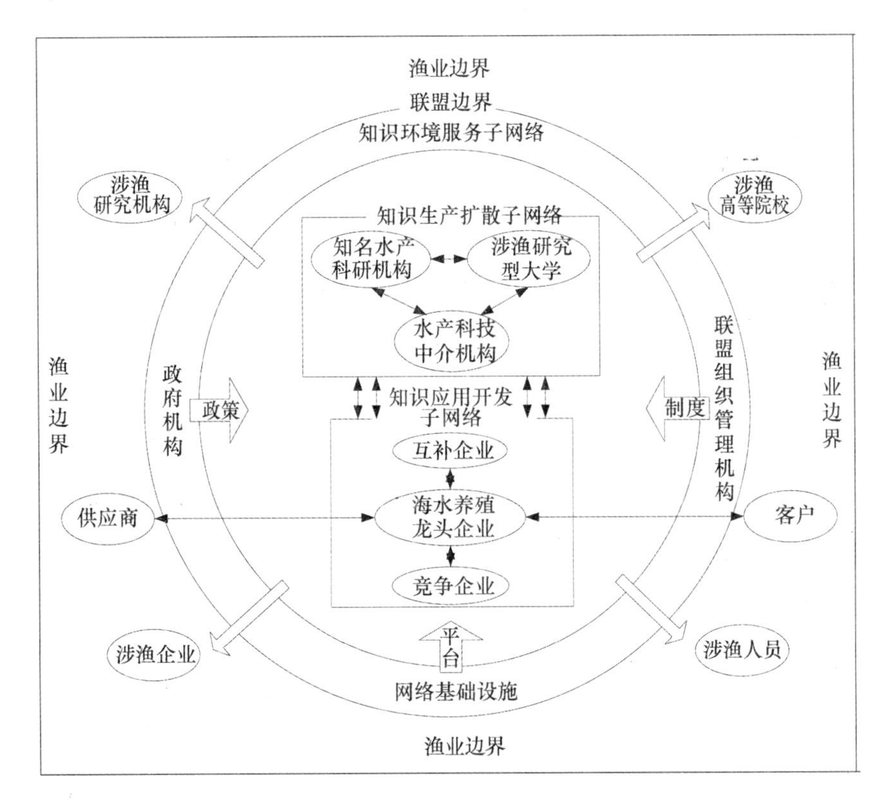

图3－1 海水养殖业技术创新联盟知识网络结构示意图

三个子网络包含不同的主体要素，这将在第三节中详细分析。箭头方向代表了海水养殖业科技知识在网络内主体结点之间的流动方向。可以看出，海水养殖业科技知识的流动通常发生在以下界面：一是各个子网络内部主体要素之间；二是各个子网络之间：海水养殖业科技知识的整合与创新主要发生在这一界面；三是海水养殖业技术创新联盟与联盟外主体之间：主要是指联盟创新成果向整个行业的转移和扩散；四是联盟内主体与联盟外主体之间：主要是指联盟内外知识源之间的非正式交流和知识溢出过程。海水养殖科技知识在上述不同界面的流动过程必然伴随着养殖从业者的个人知识、养殖组织的组织知识、海水养殖业技术创新联盟的联盟知识和整个海水养殖业的行业知识的相互转化和不断升级，最终实现海水养殖业技术创新联盟对整个海水养殖业技术水平提升的推动作用。

第三节　海水养殖业技术创新联盟知识网络要素解析

为了更深入地理解海水养殖业技术创新联盟知识网络，我们需要进一步分析海水养殖业技术创新联盟知识网络要素（见表3-1）。这些要素包括联盟成员主体要素、盟员之间的关系要素、由这些关系链条所承载的各类资源要素以及联盟环境所赋予的制度要素四个方面。

表3-1　海水养殖业技术创新联盟知识网络要素

网络要素	要素变量	要素变量内容
主体要素	主体类型	海水养殖龙头企业、知名水产科研机构、研究型大学、水产科技中介机构、政府机构等
关系要素	关系类型	研究开发、推广服务、市场交易
资源要素	资源类型	个人知识、组织知识、联盟知识、行业知识
制度要素	联盟契约	具有法律约束力的联盟协议
	联盟文化	信任与开放合作，生态效益、社会效益与经济效益协调提高

一　主体要素类型

海水养殖业技术创新联盟知识网络的各主体要素应具备各自的核心能力。所谓核心能力是指组织中独特的、有价值的知识和技术能力。之所以选择那些具有核心能力的组织作为联盟知识网络的结点，是因为这类组织能够专注于海水养殖业技术创新联盟技术创新价值链中具有比较优势的活动环节，并贡献自己的核心能力于知识网络之中形成共享的知识资源。若组织缺乏核心能力，一方面由于缺少其他组织的响应从而无法发起建立自己的网络；另一方面也由于无法对网络做出贡献而难以进入其他组织发起设立的网络[①]。基于此，海水养殖业技术创新联盟知识网络的主体要素应包括：海水养殖龙头企业、知名水产科研机构和研究型大学、相关水产科技中介机构及地方政府等。

（一）海水养殖龙头企业

海水养殖企业是海水养殖业技术创新最重要的经济单元，是参与创新并实现创新增值的最直接的行为主体。虽然中国现阶段海水养殖业还没有形成以企业为主体的技术创新体系，但龙头企业正成为技术创新过程中越来越重要的角色，它们不仅仅是海水养殖技术的使用者，同时也成为海水养殖业科技创新的主导者。因此，在海水养殖业技术创新联盟知识网络中，海水养殖企业及其竞争企业、互补企业发挥着知识应用和开发功能，在海水养殖业技术创新链后端的示范、应用和市场化等环节发挥着重要作用。这就要求联盟中的养殖企业首先要重视企业技术创新，同时还要具备相对较强的技术应用开发能力。在众多养殖企业中，海水养殖龙头企业无疑在技术、企业品牌、管理水平、市场洞察力等方面具有其他企业无法模仿和复制的特异性能力，正是这种能力为本企业带来持续竞争优势。以现代海水养殖产业技术创新联盟为例，其联盟成员（知识网络结点）包括寻山集团、好当家集团、獐子岛集团、东方海洋等企业。之所以选择这些龙头企业进入联盟，是因为这些企业规模较大、资金实力较强、品牌知名度较高，尤其是在海水养殖开发领域拥有较强的技术研发能力。可以说，在海水养殖业技术创新联盟中构建知识网络的最终目的就是为这些龙头养殖企业提供一个尽可能优越的创新环境，方便这些龙头企业的知识获取并促进其开展知识创新活动，最终提升整个联盟的技术创新能力。

（二）知名水产科研机构和研究型大学

由于水产业技术创新活动的公益性特征，由政府出资或补贴的公共科研机构和高等院校自然成为水产行业科学研究的主导力量。它们主要参与技术创新链前端活动，包括创新构思的提出、基础研究、应用基础研究和

①　林健、李焕荣：《基于核心能力的企业战略网络——网络经济时代的企业战略管理模式》，《中国软科学》2003 年第 12 期。

实验室研究等环节；同时，还肩负着海水养殖业技术推广职能以及对广大海水养殖业科技和生产工作者的教育培训工作，因此，这类机构在联盟知识网络中发挥着知识生产和扩散的功能，特别需要拥有高素质的科研人才和高水平的科学研究实力。中国知名水产科研机构和研究型大学无疑能满足这一条件。

根据国家知识产权局中国专利公布公告查询系统提供的相关数据，从1985至2014年，中国海水养殖领域发明专利公布数为543件。据笔者统计①，在这543件专利申请当中，大学作为专利申请人的有123件，约占总数的23%；科研机构作为专利申请人的有104件，约占总数的19%；科研院所的专利申请数合计为227件，约占总数的42%（见图3-2）。其中，申请专利数超过10件的科研院所包括：浙江大学（20件）、大连海洋大学（17件）、中国海洋大学（16件）、浙江海洋学院（16件）、广东海洋大学（10件）、中国水产科学研究院黄海水产研究所（14件）、中国科学院南海海洋研究所（13件）和中国科学院海洋研究所（11件）（见图3-3和图3-4）。从上述数据可以看出，由于以中国水产科学研究院黄海水产研究所、中科院海洋所等知名科研机构以及中国海洋大学等研究型大学为代表的科研院所汇集了中国海水养殖业行业绝大部分的高级科研人才，拥有完善的科学试验设备和基地，因此，它们具备丰富的海水养殖业科技创新项目实施和管理经验，已成为中国海水养殖领域技术研究与开发的中坚力量，是知识网络中的“知识高地”，发挥着知识生产和扩散的关键作用。

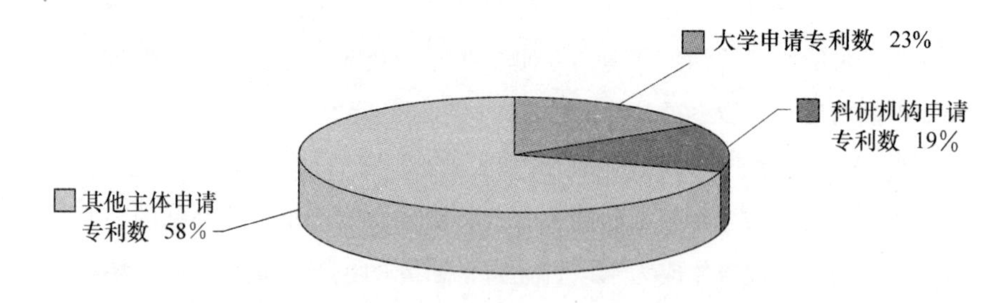

图3-2　水产类科研院所申请专利数占比情况

① 统计数据见附录2。

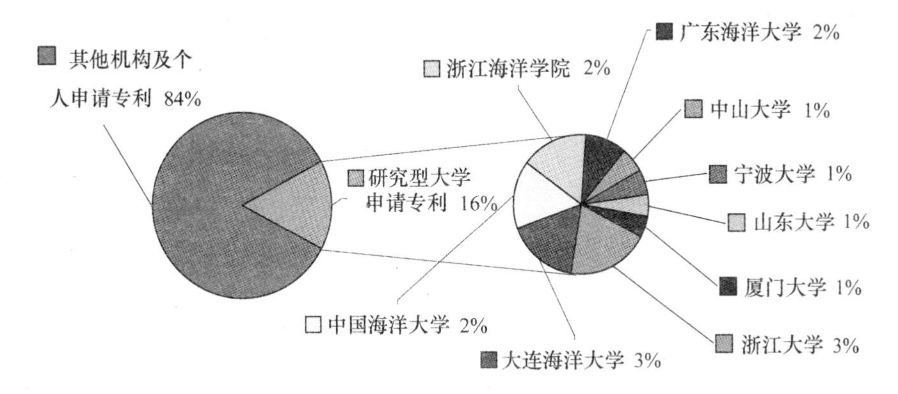

图 3－3 海水养殖领域研究型大学作为发明专利申请人的占比情况

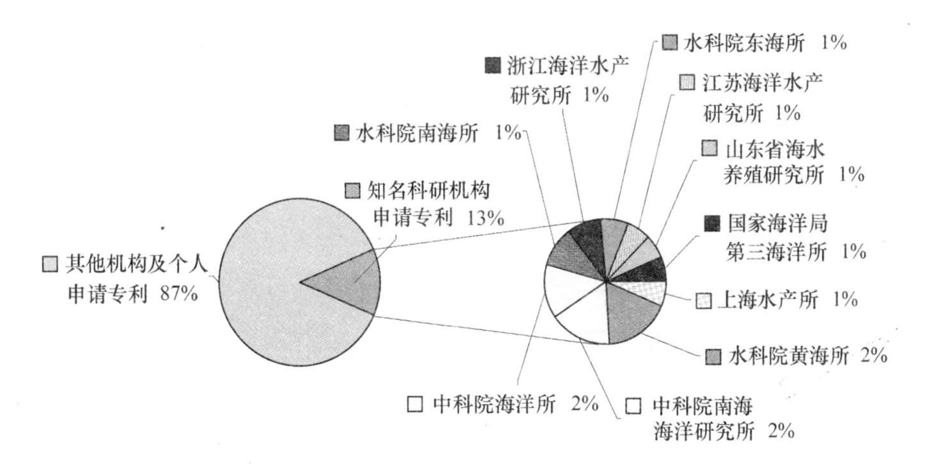

图 3－4 海水养殖领域知名水产科研机构作为发明专利申请人的占比情况

（三）水产科技中介机构

水产科技中介机构发挥着海水养殖业技术创新服务职能，为海水养殖业生产关键环节和科技应用环节提供技术服务，同时也会参与到科研机构和大学研究活动的中试环节。这类组织的设立增强了技术创新主体协调各方面服务资源的能力，完善了水产业技术创新环境。水产科技中介机构的核心能力体现为其促进海水养殖业科技成果转化和产业化的能力。因此，应该选择那些具有较完善的海水养殖技术试验、示范基础设施以及较强的技术服务能力的中介机构进入联盟。在中国，水产科技中介机构主要包括渔业技术推广机构和渔业协会。作为海水养殖业技术创新联盟知识网络的结点之一，渔业技术推广机构和渔业协会可以结合自身的各项公益性职能，为联盟产学研各方的项目合作研发、联盟创新成果向全行业养殖企业和养殖户的推广、联盟内外海水养殖业技术的合作交流提供必要的技术服务和支持。

（四）政府

在海水养殖业技术创新联盟知识网络中，政府也是一类很重要的网络结点。之所以将政府纳入联盟知识网络之中，是因为政府的介入将更好地促进海水养殖业技术创新联盟内的知识流动。首先，政府介入能够提高联盟内知识生产主体的积极性。海水养殖业技术创新联盟主要是围绕海水养殖关键共性技术开展研发活动，这类技术对于渔业产业核心竞争力的构筑至关重要。然而，这类技术的研发过程具有复杂性和高风险性，同时创新成果具有很强的溢出效应。因此，单个养殖企业不可能对此类技术投入资源开展研究，而公共科研机构和大学对开展此类技术的研究投入资源也会相对不足。也就是说，如果将渔业技术创新活动完全市场化，则市场机制对渔业技术创新资源进行配置时会缺乏效率甚至失灵。所以，需要政府给予经费支持及相关政策支持以提高联盟内知识生产主体的积极性。其次，政府介入能够减少知识利用过程中的机会主义行为。养殖企业的技术创新活动是在科研机构和大学生产知识的基础上进行开发和利用知识的过程，也就是联盟内的产学研合作创新过程，该过程必然涉及知识共享和知识转移等活动。而如果缺少有关知识产权保护的法律法规，就会使产学研各方在合作过程中缺乏信任感，或者不愿意将自己拥有的知识共享给合作伙伴，或者分享之后产生众多知识产权纠纷并最终导致知识共享失败。因此，需要政府制定促进联盟发展和有序运行的法律法规。最后，政府介入能够加速联盟创新知识的扩散过程。联盟知识的扩散过程就是将联盟创新成果向联盟内的盟员以及联盟外其他行业主体和广大渔户推广的过程。该过程是发挥海水养殖业技术创新联盟提升整个渔业技术水平作用的关键环节，海水养殖业技术创新联盟的技术创新活动在很大程度上是为全社会提供公共产品和服务的社会公益事业，利润最大化并不是渔业技术创新的唯一目标。尤其对于那些涉及渔业生态保护、渔业可持续发展等偏重于社会效益和生态效益目标的技术创新活动，需要政府直接参与联盟技术创新成果的推广工作。总之，在海水养殖业技术创新联盟构建过程中，政府在经费资助、联盟研究开发计划的制订及实施过程中都发挥着重要作用。在联盟运行过程中，政府在推动联盟成员加强沟通和互动、保护联盟内知识产权、协助联盟成员之间建立信任关系等方面发挥着至关重要的作用。此外，政府还负责选择和制定促进海水养殖业技术创新联盟发展的政策体系。诸如上述政府职能的有效发挥，能够极大地促进联盟内知识共享、知识转移、知识创造等知识活动的有效开展。因此，政府是联盟内知识网络中很重要的一类结点。

综上所述，应该选择海水养殖龙头企业、知名水产科研机构或研究型大学、水产科技中介机构、政府机构等具有核心能力的组织进入海水养殖业技术创新联盟，成为联盟知识网络的结点。由于这类组织具有很强的知识贡献能力，如果是作为联盟发起者，会吸引大量其他组织予以响应并参与网络构建；如果是作为联盟参与者，则易于被联盟所吸纳。因此，联盟知识网络主体要素的选择对于联盟知识网络的形成以及联盟构建和发展具有重要意义。

二　关系要素类型

由于海水养殖业技术创新的公益性特征，使得公共研究机构和大学在该行业技术创新活动中扮演重要角色，企业技术创新动力相对不足。由于各主体要素职能各不相同，因此，各要素主体（知识网络结点）之间可能缔结的关系类型也有所差异，主要包括以下类型：（1）研究开发关系。研究开发关系主要在联盟内的涉渔科研机构、大学和海水养殖企业之间缔结，也即图 3－1 中知识生产扩散子网络、知识应用开发子网络中涉及的主体要素之间的合作关系。这些主体要素之间主要通过以联盟为平台联合申报政府委托项目、在联盟内联合开展技术研发项目等方式共同进行合作研究。（2）推广服务关系。海水养殖业技术创新联盟知识网络中，有些主体要素之间的关系主要表现为推广服务关系。推广服务一方面是指创新成果在联盟范围内养殖企业中的推广，以及创新成果向联盟外养殖企业及广大养殖户的推广；另一方面是指海水养殖业技术创新联盟内的主体要素为联盟外行业主体提供的海水养殖业科技服务以及人员培训等。这类推广服务关系主要体现公益性和无偿性的特点，其建立数量的多寡直接影响到海水养殖业技术创新联盟作为整个行业技术创新龙头和“知识高地”的引领作用的发挥。（3）市场交易关系。市场交易关系一般通过以下方式建立：一是联盟外行业主体委托联盟内主体要素承担的研究项目。比如，利用联盟外行业主体提供的经费为其提供符合合同约定的科技成果。二是技术转让，即在海水养殖业技术创新成果中，也有一些具有私人产品性质的科技成果在消费中具有排他性和竞争性，具有与工业产品创新相同的特点；这类科技成果可以通过一次性转让的方式出售给技术需求方。比如，鱼饲料配方技术，可以由联盟内的研发方一次性转让给联盟外养殖企业。市场交易关系一般属于一次性交易，项目合同履行结束交易关系即告终结，因此，市场交易关系不利于产学研各方构建持久紧密的战略合作伙伴关系，也不利于隐性知识的转移。

三　资源要素类型

海水养殖业技术创新联盟知识网络中最重要的一类资源就是海水养殖科技知识。根据养殖科技知识资源的分布层次，可以将养殖知识分为：（1）联盟内海水养殖从业者所拥有的个人知识。这类知识存在于海水养殖从业者的个人头脑中，它形成于海水养殖业科研、教育培训以及生产实践活动中的自我学习；它依附于个人，人员流动或者非正式的社交网络，都会促进不同组织之间个人知识的转移。（2）联盟内组织所拥有的组织知识。这类知识存在于养殖组织的日常事务、工艺流程、设备系统、资讯流程、决策方式等综合性环节和过程中，对组织内个人隐性知识进行显性化并加以有效管理可以形成组织知识。（3）海水养殖业技术创新联盟所拥有的联盟知识。联盟知识主要表现为海水养殖关键共性技术方面的创新知识。联盟知识形成的系统性和复杂性较高，其存量取决于联盟内知识共享机制的有效运行，依赖于联盟契约规制下的个人知识、组织知识向联盟知识的不断转化，同时还受到联盟文化、信任水平、开放程度、知识属性、组织吸收能力等因素的影响。（4）整个海水养殖行业知识。联盟知识的积累、扩散和溢出将会对整个水产业技术能力的提升做出贡献。当联盟知识借助各类渠道被整个行业共享时，联盟知识就转化为行业知识。

四　制度要素类型

在技术创新联盟背景下考察知识网络，必然需要分析技术创新联盟这一组织特性给知识网络以及该网络中的知识活动带来了何种影响。对这一问题的分析可以揭示联盟内的知识网络和一般意义上的知识网络的区别。知识网络的制度要素是指技术创新联盟这一组织模式所具有的能够对知识网络和知识活动产生影响的制度方面的特性。依据诺斯对制度内涵的界定①，本书将海水养殖业技术创新联盟知识网络的制度要素概括为联盟契约和联盟文化。（1）联盟契约。根据科技部等六部门《关于推动产业技术创新战略联盟构建的指导意见》②《国家技术创新工程总体实施方案》③ 以及《国家科技计划支持产业技术创新战略联盟暂行规定》④ 等文件的规定，技术创新联盟要有具有法律约束力的联盟协议，协议中明确约定联盟的技术创新目标、利益分享风险分担方式、知识产权归属等问题。此外，联盟协议还会包含对知识共享、知识转移活动的激励约束措施。联盟协议既是对联盟成员的行为约束，又是对联盟成员的利益保护，它降低了联盟成员对参与联盟后预期的不确定性，能够使联盟成员乐于分享组织知识，有效地促进组织知识转化为联盟知识，促进知识创造。（2）联盟文化。联盟文化是联盟成员在长期的合作创新实践中逐步形成的，具有持久的生命力，包括价值信念、道德观念等因素。海水养殖业技术创新联盟文化内涵应包括：合作中倡导信任、开放；发展中倡导生态效益、社会效益和经济效益相统一。信任合作是联盟成员共享知识、转移知识、创造知识的保障机制，联盟成员只有相互之间建立高水平的信任，共同致力于海水养殖业产业关键共性技

---

① ［美］道格拉斯·诺斯：《制度、制度变迁与经济绩效》，上海三联书店 1994 年版。

② 国科发政〔2008〕770 号。

③ 国科发政〔2009〕269 号。

④ 国科发计〔2008〕338 号。

术的合作创新，才能以一种积极的心态参与到联盟的知识活动中去。开放合作一方面是指联盟成员的选择要建立一套开放发展机制，及时吸收新成员，适时淘汰某些成员；另一方面是指联盟成员不仅要注重向盟员学习，还要向联盟外的养殖企业、养殖户、水产品消费者学习，向国内外水产养殖领域的产学研主体学习，以便充分汲取海水养殖业技术创新的市场反馈信息和科技前沿知识，提高联盟合作创新的绩效；此外，从知识活动的角度讲，开放意味着某些联盟成员作为知识网络中的结点要发挥“守门员”的角色，从联盟外部吸收新知识，然后经由在知识网络中发挥“知识传播者”的联盟成员向联盟内其他结点成员传播和转移。盟员在合作创新和发展中要注重生态效益、社会效益、经济效益协调提高，确保海水养殖业的可持续发展。

第四章

海水养殖业技术创新联盟知识流动运行机制研究

构建海水养殖业技术创新联盟知识网络的主要目的在于为联盟的知识流动分析提供理论框架。借助知识网络，分析海水养殖业技术创新联盟知识流动的特征、机制、界面、过程及其影响因素，可以深入剖析海水养殖业技术创新联盟成员之间互动学习和合作创新的微观机制，为提高联盟成员的知识水平和技术能力寻找科学依据，并为海水养殖业技术创新联盟的组织体系构建和运行机制设计奠定理论基础。本章重点探讨海水养殖业技术创新联盟知识流动的模式、界面和影响因素。

第一节　海水养殖业技术创新联盟知识流动概述

一　海水养殖业技术创新联盟知识流动概念

海水养殖业技术创新联盟的知识流动主要是指联盟中相关研究机构、高等院校、海水养殖龙头企业、科技中介机构等成员在合作创新过程中所引发的知识转移，同时也包括联盟成员与联盟外行业主体之间的互动行为所引发的知识扩散，这种转移和扩散是借助于联盟知识网络实现的，最终实现联盟的技术创新目标。[①] 从该概念出发，对海

① 华连连、张悟移：《知识流动及相关概念辨析》，《情报杂志》2010 年第 29 卷第 10 期。

水养殖业技术创新联盟知识流动机制的探讨，主要包括三个方面的内容：一是知识流动是由哪些合作创新互动行为引发的，即知识流动方式的分析；二是知识在多大范围内流动并涉及哪些主体，即知识流动的界面分析；三是如何更好地促进联盟知识流动，即知识流动的影响因素分析。

二 海水养殖业技术创新联盟知识流动特征

海水养殖业技术创新联盟的知识流动呈现出以下特征[①]：

（1）主体多样性。海水养殖业技术创新联盟知识流动涉及广泛的主体范围。联盟知识流动当然首先是由联盟成员之间在合作创新过程中引发的知识流动，但同时还涉及联盟外的行业主体甚至是其他行业主体的参与。这是因为，联盟的技术创新不可能在封闭的环境中进行，联盟的知识网络是一个开放的系统，它借助某种渠道与联盟外部知识源建立联系，以促进联盟知识系统的良性持续发展。

（2）过程复杂性。海水养殖业技术创新联盟知识流动是一个复杂的过程。上述的主体多样性，意味着联盟的知识流动会穿越多种界面，在不同的流动界面上，知识流动的方式会有不同；知识流动过程还伴随着养殖业从业者的个人知识、养殖组织的组织知识、海水养殖业技术创新联盟的联盟知识和整个海水养殖业的行业知识的相互转化和不断升级。

（3）效果不确定性。海水养殖业技术创新联盟知识流动的效果具有很大的不确定性。联盟知识流动的效果不仅受到知识特性的影响，还取决于知识源、知识受体以及联盟环境甚至产业特性等诸多因素的影响。因此，要想促进联盟的知识流动，必须要综合考虑来自知识、主体、关系、环境等各方面的因素。

---

① 唐艺、谢守美：《知识生态系统中的知识流动研究》，《情报科学》2009 年第 27 卷第 8 期。

第二节　海水养殖业技术创新联盟的知识流动方式

一　项目合作

项目合作是海水养殖业技术创新联盟成员之间知识流动的最主要的机制①②③。海水养殖业技术创新联盟的主要目标就是开展海水养殖业关键共性技术方面的技术创新活动。与工业技术创新一样，海水养殖业技术创新也是一个过程函数。海水养殖业技术创新过程由一系列互不相同却彼此关联的创新活动组成，包括创新构思的提出、基础研究、应用研究、实验室研究与开发、示范、推广等环节。越是重大的技术创新，其中的这些创新活动就越是不可或缺，它们之间彼此关联、相互耦合、环环相扣，具有上、中、下游的排序关系，共同构成了一条完整的“海水养殖业技术创新链”。在项目申报与实施过程中，联盟内产学研各方瞄准海水养殖关键共性技术，并依据各自不同的资源优势和能力优势分别嵌入海水养殖技术创新链条的各个环节当中，真正实现合理分工、资源共享。借助科学的项目合作机制，联盟成员组织之间不仅能够共享海水养殖业科技显性知识，而且还能学习到彼此的隐性知识。因此，项目合作不仅仅是给予海水养殖业技术创新联盟以资金上的支持，更关键的是为联盟内知识转移、知识共享等知识流动提供平台，最终实现联盟的知识创新。在这一背景下，项目合作将成为中国海水养殖业技术创新联盟中最重要的正式合作模式，也是联盟内最重要的知识流动方式。

海水养殖业技术创新联盟项目来源主要包括三类：第一类是国家和地方各级政府安排的各类科学研究和技术开发计划，这是海水养殖业技术创

① 苏靖：《关于国家创新系统的基本理论、知识流动和研究方法》，《中国软科学》1999年第1期。

② 方凌云：《企业之间知识流动的方式及其侧度研究》，《科研管理》2001年第22卷第1期。

③ 宋燕平、栾敬东：《我国农业技术创新的三种模式的分析》，《中国科技论坛》2004年第9期。

新联盟的主要项目来源。按照我国中长期渔业科技发展规划（2006—2020年）的要求，并结合海水养殖业技术创新的公益性特点以及中国养殖企业技术创新能力较弱这一现实，海水养殖业技术创新联盟的运行和发展特别需要来自国家及地方政府各层面的项目支持。目前，国家科技部已经制定暂行规定[①]：国家科技计划（重大专项、国家科技支撑计划、“863”计划等）积极支持联盟的建立和发展；经科技部审核的联盟可作为项目组织单位参与国家科技计划项目的组织实施。这类项目组织实施的研究经费一部分由各级政府提供，其余由联盟成员企业提供配套研究资金。第二类是联盟成员之间合作开展的技术研发项目[②]。这类项目必须遵循基础性和共同性[③]的选题原则，以确保联盟成员间技术研发合作项目的成功。所谓基础性，是指由于联盟成员包括具有竞争关系的养殖企业，因此联盟应重点研发那些不易改变彼此竞争地位的竞争前的基础性技术，否则，联盟成员在合作中势必会担心自己特有的技术知识外流。所谓共同性，就是指联盟的研究课题必须是联盟成员面临的共性技术问题，以此增强凝聚力和吸引力。第三类是由联盟外的涉渔科研机构、高校、养殖企业或者养殖从业人员委托的研究项目。不同类型项目的组织方式将在第六章详细论述。

二 非正式交流

非正式交流主要表现为不同组织之间的人员的个人联系。一项对产品创新的实证研究[④]表明，企业之间的正式合作互动对于知识转移有很好的效果，而借助企业间人员的非正式互动则大大提高了企业搜索新知识的效率，非常有利于企业发现新知识。究其原因，是因为非正式交流过程中对关键信息的无意表达、暗示、透露，很容易造成技术知识的溢出，因此非正式交流成为共享信息和技术的重要途径。

---

① 国家科技计划支持产业技术创新战略联盟暂行规定（国科发计〔2008〕338号）。

② 需要说明的是，这类项目的参与成员应至少包含联盟内两家或两家以上的养殖企业。由联盟内单一的养殖企业与其他学研方共同进行的产学研合作创新不在本书的讨论范围内。

③ 薛春志：《日本产业技术创新联盟的运行特点及效果分析》，《现代日本经济》2010年第4期。

④ Hansen M. T.，“The Search-Transfer Problem: The Role of Weak Ties in Sharing Knowledge Across Organization Subunits”，*Administrative Science Quarterly*，Vol. 44，No. 1，1999.

非正式交流对于海水养殖业技术创新联盟中的知识流动同样具有重要作用，这一点可以从荣成市产学研合作发展历程中得到印证。荣成市之所以率先在养殖企业和科研院所之间开辟了合作通道，就是因为借助组织和承办各类渔业相关学术会议及活动的机会①，邀请到曾成奎、唐启升、管华诗、张福绥、赵法箴等一批院士级的领军人物以及相建海、包振民、方建光等一批研究员级的中坚力量参会；并在会议期间，邀请他们参观企业，让科学家和企业家相识和交流，并逐步建立起较好的私人关系，为日后的进一步合作奠定了感情纽带和信任基础。

可以借鉴荣成市产学研合作的经验做法，推动海水养殖业技术创新联盟内的知识流动。一是定期或不定期地举办各类正式或非正式联盟会议，包括工作会议、学术会议或者沙龙。通过参会，一方面联盟成员组织中的科学家、企业家以及高级管理人员可以获取有关竞争对手、市场和技术方面的最新信息；另一方面通过经常性的面对面交流，培养感情，增进互信。二是充分发挥企业家协会、渔业协会的作用。联盟成员组织中的企业家、各级管理人员和技术开发人员通过参加当地的协会活动，或者在工作之余自发聚会，或者仅仅是简单地通个电话、发发电子邮件。这些看似平常的个人联系可以成为联盟成员组织扫描和搜索组织外部，甚至是联盟外部新知识的重要渠道。

三　人员流动

作为知识和技能载体的劳动力在不同组织之间的流动，能够促进隐性专业技能和技术诀窍在不同组织之间的传播与扩散。目前，中国海水养殖业技术创新联盟中人员流动的途径主要包括：一是基于院士工作站、博士后工作站的人员流动。在海水养殖龙头企业设立“院士工作站”或“博士后工作站”，引进两院院士，高校及科研院所的专家、教授、博士等高精尖人才进站工作。工作站作为一个高端战略人才交流和

---

① 这些会议及活动包括“中国生物工程学会年会暨海洋生物专业技术委员会成立大会”、“海博会”、“海洋高新技术产业高级论坛”、“中国工程院院士荣成行”、“山东荣成产业技术创新战略联盟活动周”等。

培养平台，可以为养殖企业发展提供战略咨询和技术指导，对企业发展急需解决的重大关键技术难题进行联合攻关，便于企业承接院士专家及其创新团队的技术成果并优先在本企业开展孵化、转化和产业化，利于企业培育自主知识产权和自主品牌等[①]。二是基于教学研究基地的人员流动。笔者在寻山集团、好当家集团等一些龙头水产企业调研时发现，有许多来自中国海洋大学、中科院海洋所等高校或科研院所的学生在企业进行教学和生产实习，也有部分教师或研究人员开展科研工作。他们之所以有机会来到企业，正是得益于这些知名科研机构和研究型大学与龙头企业合作共建的教学研究基地。借助基地平台，海水养殖企业可以积极引导本企业生产技术人员参与活跃而丰富的教学研究交流活动，在实践中锻炼培养技术人员队伍，造就一批“本土化”专家；同时，海水养殖企业还可利用与学研方的合作关系，积极选派技术人员到对方学习，使得企业人才结构得以优化、人员素质获得较大提升。

四　技术推广

技术推广、技术转让和专利许可都属于技术转移的范畴。一般来说，技术转移是知识流动的重要机制。在技术转移过程中，科研机构或大学提供基础知识和技术知识，而产业组织则提供与满足某一市场需求相关的特定应用领域的知识；将两方面互补性的知识相结合，用以解决特定的产业问题，并将成果推广到市场上实现商业化，这就是一个完整的技术创新过程。但对于海水养殖业来说，由于海水养殖业生产活动空间的开放性以及生产对象的自我繁殖特性，再加上海水养殖业技术创新的公益属性，导致海水养殖企业或养殖户一般不会主动选择购买技术和专利许可，而更多的是借助政府主导的技术推广体系来学习新技术。因此，在海水养殖业技术创新联盟内，技术推广便成为知识流动的又一种主要模式。

海水养殖业技术创新联盟旨在突破海水养殖业行业关键共性技术，为联盟企业在下游技术市场展开竞争提供竞争前技术。当关键共性技术

① 单连良、傅正华：《我国院士工作站现状、发展模式及问题初探》，《江海纵横》2011年第3期。

得以突破之后，就要将这项技术推而广之，发挥最大经济效益和社会效益。海水养殖业技术创新联盟的共性技术创新成果推广包括两个方面：一是将创新成果向联盟内养殖企业的推广。对于政府委托项目中的关键共性技术类课题的研究成果，应无偿向联盟盟员推广；对于政府委托项目中的技术集成示范类课题的研究成果，以及盟员合作创新成果，应无偿向项目合作成员辐射和推广，以优惠的条件向联盟内未参与项目研发的其他盟员有偿转让。二是将创新成果向联盟外企业进行推广。对于政府委托项目中的关键共性技术类课题的研究成果，应无偿向联盟以外的所有行业主体进行推广；对于政府委托项目中的技术集成示范类课题的研究成果，以及盟员合作创新成果，应以有偿许可或转让等方式向联盟外的行业主体推广。该项推广工作应由联盟组织管理机构的相关部门联合当地渔业技术推广部门负责实施。

第三节　海水养殖业技术创新联盟的知识流动界面

知识流动界面是海水养殖业行业主体、海水养殖业技术创新联盟、联盟主体之间知识流动的关键通道。对这些知识流动通道的分析有助于厘清海水养殖业技术创新联盟知识扩散、转移和溢出路径。由图 4－1 可知，海水养殖业技术创新联盟内的知识流动界面[①]包括：联盟各个子网络内主体要素之间的界面、联盟各个子网络之间的界面、联盟内外主体要素之间的界面、联盟外主体要素与联盟之间的界面。在上述众多界面中，海水养殖业技术创新联盟的知识生产扩散子网与知识应用开发子网之间的界面、联盟外主体要素与联盟之间的界面是本书分析的重点。

一　知识生产扩散子网与知识应用开发子网之间的界面

知识生产扩散子网与知识应用开发子网之间的界面主要是指联盟内产

---

① 吴绍波、强海涛：《基于知识流动的知识链组织之间创新界面管理研究》，《情报杂志》2010 年第 29 卷第 11 期。

学研各方之间的知识流动界面（见图 4 －1 加粗箭头）。与其他界面的知识流动相比，该界面上的知识流量大，并且其知识流动对联盟合作创新绩效的影响显著。按照物理学中的势差原理，世间所有物质或非物质的传导、扩散总是由势差引起的，并总是从高位势向低位势扩散。同理，这两个子网分别在技术知识和市场知识方面具有独特优势。知识生产扩散子网在水产养殖技术研发知识方面具有优势，而应用开发子网在养殖产品的营销、销售以及与竞争者供应商相关的市场知识方面具有优势。两个子网在知识存量上的差距也会形成“知识势差”，进而导致知识势能高的主体所拥有的知识会流向知识势能低的主体。因此，这两个子网之间的知识流将是各个界面中最为丰富的。而这两个子网之间的知识流动效果最能体现联盟内产学研互动质量，因此，对该界面的管理将是联盟管理的重点，其管理水平决定了海水养殖业技术创新联盟合作创新绩效。又由于这一界面的知识流动主要是借助项目合作机制实现的，因此，对该界面的管理本质上就是对联盟内产学研各方项目合作过程的管理。

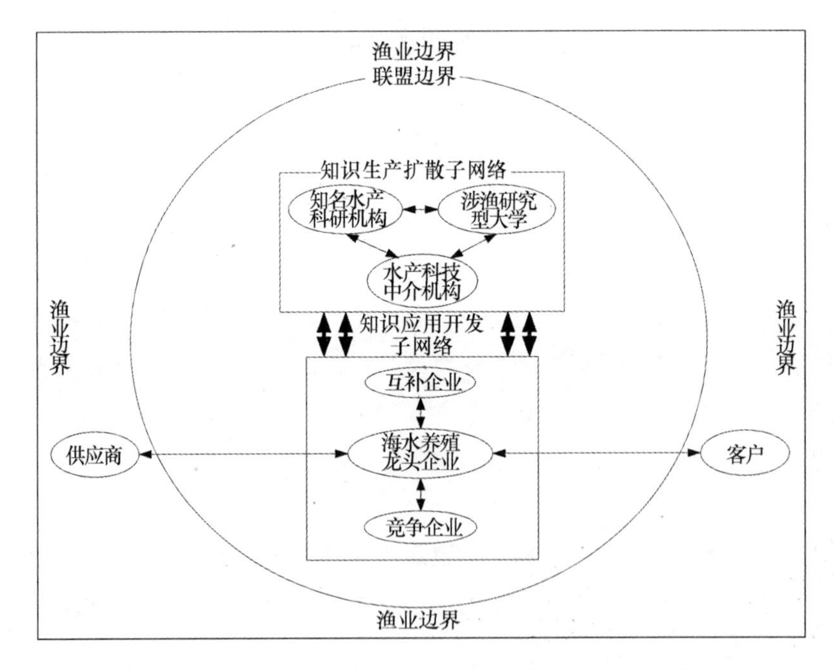

图 4 －1　知识生产扩散子网与知识应用开发子网知识流动界面

二　联盟外主体要素与联盟之间的界面

构建联盟的最终目的是要将联盟的合作创新成果推广到整个产业，实现海水养殖业技术水平的整体提升。而联盟创新成果对整个产业的辐射效应则取决于联盟与联盟外主体要素之间的知识流动情况。在该界面设计合理的知识流动机制，促进知识的顺畅流动，能够促进海水养殖业技术创新联盟创新成果的有序推广，强化联盟作为整个海水养殖业技术创新引擎的推动作用。相反，如果该界面的知识流动管理不到位，一方面会导致海水养殖业技术创新联盟仅仅成为联盟内组织成员的利益工具，根本不能发挥提升海水养殖业技术水平的作用；另一方面，还可能会导致联盟创新成果的扩散陷入无序状态，引发知识产权纠纷。因此，对该界面的分析尤为必要（见图 4－2 加粗箭头）。

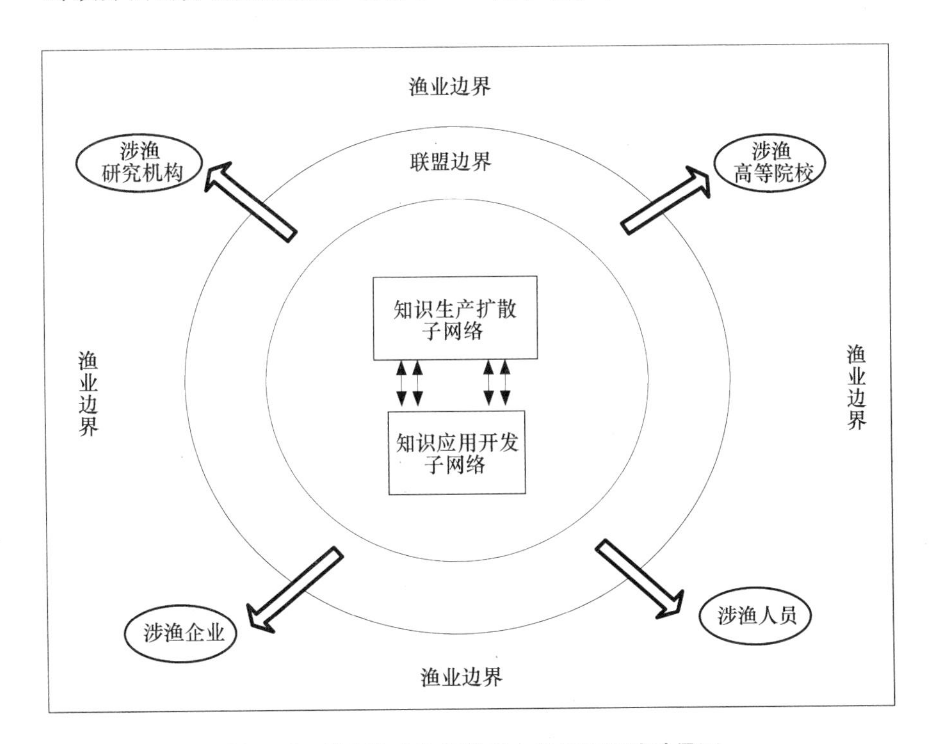

图 4－2　联盟外主体与联盟之间的知识流动界面

由于海水养殖技术的公益性特征，联盟内的共性技术创新成果应采取一定方式积极地向联盟外其他行业主体推广[①]。这一推广过程伴随着联盟与联盟外主体要素之间大量的知识流动。这类知识流动借助以下机制完成：联盟内组织管理机构、科技中介机构向联盟外的相关渔业技术推广机构或养殖企业进行技术推广；联盟组织管理机构相关部门向联盟外行业主体进行技术咨询、人才培训等服务。这些行业主体包括联盟外的相关科研机构、高等院校和养殖企业，也包括广大养殖户。联盟创新成果经由联盟技术推广系统扩散至联盟外行业主体，带动这类主体的研发水平和技术水平的提升。在此过程中，一方面，必须注重对联盟外行业主体的教育培训，以提高它们对新知识新技术的吸收和应用能力；另一方面，注重搜集联盟外行业主体在应用创新成果时遇到的问题，将这些问题经由技术推广系统反馈至联盟，以提高联盟创新绩效。

此外，其他界面的知识流动对于整个联盟的有序健康运行也很重要，在这些界面上也存在着各种知识流动机制和知识流类型。比如，知识应用开发子网络内主体要素之间的界面。该界面主要是指具有竞争关系或互补关系的海水养殖龙头企业之间的知识流动界面。企业是技术创新的主体，海水养殖龙头企业之间的知识流动频率和质量对于整个联盟的创新绩效影响显著。然而，通过调研得知，目前联盟内的海水养殖龙头企业之间由于技术创新能力普遍不强，技术能力优势并不突出，知识资源的互补性较差，因此，知识流动较为匮乏。它们之间的知识流动更多的是借助一些非正式交流和人员流动等方式。而如何促进联盟内海水养殖龙头企业之间知识流动也成为一个重要议题。再比如，知识环境服务子网络流向另外两个子网之间的知识主要是有关政府推动联盟发展的相关政策、产业政策以及联盟管理制度方面的环境知识流，这些环境知识流对海水养殖业联盟内的合作创新活动产生各种导向作用。总之，在不同的知识流动界面上，知识流动的机制各有侧重，知识流的种类也各不相同。

---

① 推广方式详见第六章第一节。

第四节　海水养殖业技术创新联盟知识流动影响因素分析

海水养殖业技术创新联盟知识网络要素与结构方面的特性将会对海水养殖业技术创新联盟内的知识流动产生促进或阻碍作用，这些知识流动影响因素可以概括为：主体要素特性、关系要素特性、资源要素特性、制度要素特性和网络结构特性①②③。

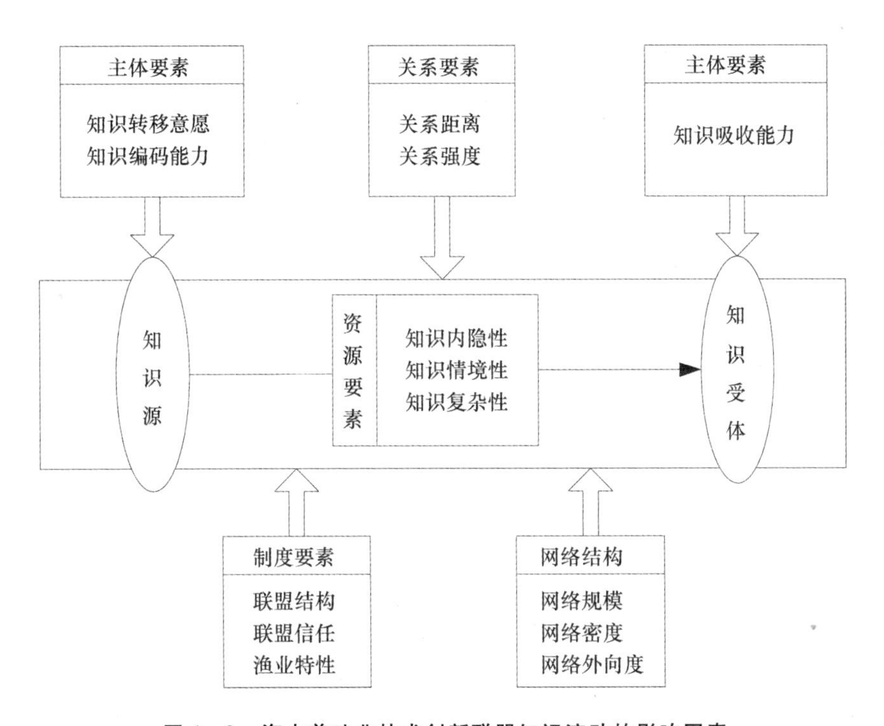

图 4－3　海水养殖业技术创新联盟知识流动的影响因素

① 潘辉、马岩、马健等：《农业企业知识联盟中知识转移影响因素》，《东北林业大学学报》2008 年第 36 卷第 8 期。

② 肖冬平、顾新、彭雪红：《基于嵌入视角下知识网络中的知识流动研究》，《情报杂志》2009 年第 28 卷第 8 期。

③ 蒋樟生、胡珑瑛：《产业技术创新联盟的知识转移效率模型》，《哈尔滨工程大学学报》2010 年第 31 卷第 9 期。

一　主体要素特性

（一）知识源的知识转移意愿

海水养殖业技术创新联盟内不同的知识供方主体（知识源）转移知识的意愿会不同。作为公共研究机构和高等院校，由于对其科研评价和激励机制在很大程度上仍依赖于发表科研成果的数量和质量，而联盟内产学研各方的合作研究有利于提高学研方的成果产出，因此，相关研究机构和高等院校有着较强的知识转移意愿。作为海水养殖龙头企业，由于联盟内各养殖企业之间存在着直接的竞争关系，因此，它们彼此之间会由于担心技术知识泄露给对方而封锁知识。为了解决这一问题，首先应该创新项目合作模式，使得养殖企业乐于参与合作并分享知识；其次，应设计完善的知识产权保护机制，将由知识共享给盟员带来的风险降到最低（详细内容见第六章和第七章）。作为联盟内的养殖科技中介机构，主要负责将联盟的创新成果进行普及和推广，其转移知识的目的是完成法律法规所赋予的社会公益职能，这类主体转移知识的意愿关键取决于该机构内部工作激励措施。总之，知识源的知识转移意愿越强，知识越容易在联盟内流动。

（二）知识源的知识编码能力

所谓知识编码能力是指知识源将其拥有的知识以显性化的方式表达出来的能力。知识源对知识的编码能力越强，知识越容易从知识源转移到知识受体，知识越容易在两者之间产生流动。作为知识生产主体（科研机构和高等院校）与知识应用主体的媒介，科技中介机构拥有较强的知识编码能力。科研机构和高等院校由于具有取得科研成果的主观动机，因此其也具备较强的知识编码能力。海水养殖企业作为知识源时，其知识编码能力的强弱直接关系到其作为知识源时的知识流动情况。其知识编码能力的强弱取决于该企业知识管理水平的高低。具有较高知识管理水平的企业，能够将企业员工、部门所具有的隐性知识挖掘出来并整合为企业知识。

（三）知识受体的知识吸收能力

吸收能力的概念来自于研发活动与创新关系的研究。科恩（Cohen）等[①]首次明确指出，吸收能力是公司为了商业化目的，评估、消化、应用外部知识的能力。吸收能力的强弱取决于组织内部的知识存量和知识结构等因素。若组织先前具备较大规模的与联盟创新活动相关的海水养殖业科技知识，则其就能更好地消化并应用来自知识源的知识，即组织具有较强的知识吸收能力；反之，则吸收能力较弱。吸收能力对技术创新联盟中知识流动的影响主要体现在三个方面[②]：（1）吸收能力影响知识流动的宽度。在有较强吸收能力的创新系统中，当地企业能够激活并吸收来自外部的知识，在当地网络中分享技术知识，并产生改进产品或机器的新技术知识。（2）吸收能力影响知识流动的深度。吸收能力强弱会影响接受者对技术知识理解和把握的深度，进而影响技术创新的成败。因此，在大学知识转化为孵化器公司竞争优势的过程中，孵化器公司的吸收能力是影响该过程能否成功的一个重要的因素。（3）吸收能力影响知识流动的速度。企业技术创新过程中的技术知识从萌发到实现有一个周期，吸收能力的强弱可缩短或延长该周期。若知识受体缺乏相应的知识吸收能力，将会导致联盟内知识转移与共享活动受阻。因此，由于组织吸收能力存在着路径依赖[③]（path-dependence）和自我强化两方面特性，所以海水养殖企业要加强对员工的技术培训和研发积累的持续投资，着重提高海水养殖业科技知识基的水平，以保证企业知识吸收能力的稳步提高。

二　资源要素特性

有关实证研究表明，知识的模糊程度与联盟内知识流动水平呈负相关，即知识的模糊性越高，知识在联盟成员之间的流动就越困难。显性知识的模糊性较低，比较容易流动；隐性知识则因较高的模糊性而不易

---

① Cohen, W. M., Levinthal, D., "Absorptive Capacity: A New Perspective on Learning and Innovation", *Administrative Science Quarterly*, Vol. 35, No. 1, 1990.

② 宋保林、李兆友：《技术创新过程中技术知识流动研究述评》，《科技进步与对策》2010年第27卷第16期。

③ 王向阳、刘战礼、赵英鑫：《基于企业生命周期的路径依赖和吸收能力关系研究》，《科研管理》2011年第32卷第9期。

流动，而恰恰是隐性知识往往能为联盟成员带来更持久的优势，因此，促进知识流动的关键是促进隐性知识的流动。知识的模糊性主要表现在以下几个方面：

（1）内隐性。知识特别是隐性知识是高度个人化的，根深蒂固于某些行动模式和惯例中，不易被交流与共享。隐性的知识无法通过正式的、系统的语言来描述和表达，它是知识产生模糊性的最显著的前提，是造成知识流动困难的原因之一。海水养殖业的隐性知识是存在于知识网络主体要素内部或者主体要素之间难以编纂、模仿、交流和共享且不易被复制或窃取的知识。这类知识往往是海水养殖业从业人员从专业实践中获得的现场知识，它具有“黏性”，常常依附于海水养殖业从业者的个人体验、直觉和洞察力当中，具有高度的特定背景性和高度的个体特质。例如，海水养殖业科研人员在对贝类的良种选育项目中，对贝类亲体排卵的时机判别就属于隐性知识，它很难用语言表达，企业技术人员只能通过与科研人员较长时间面对面沟通合作才能逐渐掌握。而这一隐性知识的掌握与否决定了企业掌握整个贝类选育技术的成败。因此，隐性知识的转移和共享较为困难，而恰恰是这些隐性知识构成了突破海水养殖业关键技术的关键瓶颈。

（2）情境性。情境性是指企业专有的（firm-specific）知识，它依赖于一定的背景和组织环境。情境性为组织间的知识流动制造了模糊性，同时制造了模仿壁垒。比如，山东东方海洋与大连獐子岛同样是养殖海参的企业，但由于这两家企业所处的海域不同，其海洋环境的差异造成在海参养殖技术方面的知识具有很强的企业专有性。山东东方海洋集团所属海洋养殖基地属于静水围堰，其生境特点决定了刺参增养殖设施更多考虑解决围堰内养殖海珍品栖息空间有限、饵料供应量低的问题，对抗流能力要求不高。而大连獐子岛属于离岸岛屿，其风大、浪高、流急的生境特点决定了刺参增养殖需要研制适用于高海况的海珍礁，构建离岸岛屿刺参增养殖技术。显然，若将东方海洋的围堰养殖设施与技术直接移植到獐子岛离岸岛屿区域是不合适的，必须紧密结合海水养殖企业所处的海区生境特点。因此，养殖科技知识的情境性决定了海水养殖业技术创新联盟中企业之间知识转移不够顺畅。

（3）复杂性。复杂性是指知识具有相互关联和相互协同性，一项特定的复杂技能需要许多部门和人员的共同协作，这样的知识整体不易被理解和模仿，从而阻碍了知识流动。[①] 海水养殖活动的特点决定了该领域技术创新活动所需的科技知识来自多学科领域。以离岸岛屿刺参增养殖设施与技术的研发为例，科研人员要想全面了解目标海域的流场特征、底质条件、初级生产力、生物多样性以及刺参苗种培育和行为特征等，就必须由来自物理海洋学、海洋地质学、养殖生态学、繁殖发育学、行为生态学等多个学科领域的研究人员共同协作、联合攻关，研制增养殖设施，构建生态增养殖技术。因此，海水养殖科技知识来源于多学科领域的交叉，具有高度的复杂性，这也增加了其在联盟成员之间转移和共享的难度。

三　关系要素特性

（一）关系距离

海水养殖业技术创新联盟知识网络结点之间的关系距离[②]包括以下几个方面：

第一是文化距离。组织文化通过影响组织成员的习惯、价值观等进而影响到组织成员的行为。一些组织规避风险，倾向于保持稳定的现状；一些组织则善于冒险，主动寻找新的知识。因此，组织文化决定了一个组织以何种途径和方式寻找何种知识，并充当了知识筛选和调控机制。[③] 而组织间的文化距离是指不同组织在组织结构、组织技能和制度传统上的差异性。联盟内组织由于涉及组织文化迥异的产学研各方，因此，特别需要注意文化距离这一因素对知识流动的影响。联盟内组织间的文化距离越接近，组织之间在合作过程中的冲突和摩擦就越小，越有

① 胡波：《企业战略联盟中的知识转移影响因素分析及策略》，《企业经济》2011年第6期。

② 李琳、韩宝龙：《组织合作中的多维邻近性：西方文献评述与思考》，《社会科学家》2009年第7期。

③ Leonard, D., Sensiper, S., "The Role of Tacit Knowledge in Group Innovation", *California Management Review*, Vol. 40, No. 3, 1998.

利于知识特别是隐性知识的流动、转化与创新。比如，大学和科研机构往往注重科技成果的学术水平并追求技术领先，而企业则更加关注技术的实用性、经济性和可靠性。因此，学研方与企业方要加强沟通，增进理解，塑造兼容性较强的组织文化。以中科院海洋所为例，为了更好地开展产学研合作项目研发活动，以杨红生研究员为首席科学家的项目研发团队就提出“帮忙不添乱、推车不开车、实干不忽悠”[①]，“从群众中来，到群众中去，加强乙醇作用，提升卤水效应”的合作理念，并时刻将该理念贯彻到科学研究工作中去，取得了很好的合作效果。另一方面，也可以通过塑造统一的联盟文化，帮助联盟成员树立对联盟目标深刻的认同和理解，减少盟员之间的矛盾和冲突，维护盟员之间的信任关系。该部分将在第六章中详细论述。

第二是空间距离。一般来说，空间距离临近，交通成本低廉，方便合作各方之间资源的获取、相互之间的互动和及时反馈，因此有助于产学研各方建立合作关系。同理，在海水养殖业技术创新联盟知识网络中，结点组织之间的空间距离越近，越有利于产学研各方组织成员之间面对面的交流与互动，进而有利于产学研各方知识尤其是隐性知识的流动，并有利于各组织间信任关系和良好合作关系的建立，最终促进合作创新。因此，在海水养殖业技术创新联盟中，开展合作创新活动，项目团队的组建应该考虑产学研各方的空间距离因素。以“典型海湾生境与重要经济生物资源修复技术集成及示范”海洋公益性行业科研专项经费项目为例[②]，辽东湾项目合作主体包括大连水产学院、国家海洋环境监测中心和当地养殖企业；荣成湾项目合作主体包括中国科学院海洋研究所、山东省海水养殖研究所、海洋局第一海洋研究所、中国海洋大学和当地养殖企业。能够看出，项目合作主体的选择充分考虑了空间距离这一因素。但空间距离并不是决定项目合作主体选择的唯一因素。因为在基础研究方面，对于空间距离和研究水平两者的平衡，学研机构的学术研究水平更加重要。[③] 这就可以解释象山

① 摘自 http：//www. meercas. com/shiyanshiyaowen/2011 －03 －17/482. html。

② 参考来源：http：//www. cas. cn/hy/xshd/201012/t20101220_ 3047090. shtml。

③ Mansfield，E.，“Academic Research and Industrial Innovation：An Update of Empirical Findings”，*Research Policy*，Vol. 26，No. 7，1998.

湾项目合作主体中除了包括海洋局第二海洋研究所、当地企业之外，还包括距离较远的中国水产科学研究院黄海水产研究所。

（二）关系强度

知识网络中结点之间的关系强度可分为强联结与弱联结。具有强联结关系的组织之间互动频率高、投入的情感多、互惠程度高；具有弱联结关系的组织之间互动频率低、投入的情感少、互惠程度低。[①] 强联系非常有利于隐性知识的交流，但由于建立和维系强联系需要较长的时间和较高的成本，因此，弱联系对于可编码化且传递比较简单的显性知识来说更加经济。作为海水养殖业技术创新联盟知识网络结点，养殖企业、科研机构、研究型大学、技术中介等组织之间的关系强度也各不相同。由于联盟内科研机构、研究型大学与养殖企业之间在合作创新过程中需要转移和共享大量有关海水养殖业科技的隐性知识，因此，它们之间适合于建立起强关系。如前所述，海水养殖联盟中的学研方和企业方之间通常会借助项目研究开展正式合作，也会借助各种会议进行频繁的非正式互动，还有基于院士工作站、博士后工作站、教学研究基地等平台的人员流动。而联盟内的产学研各方与科技中介机构、政府等机构之间适合于建立起弱关系，因为这对于彼此之间传递编码化程度较高的海水养殖业科技信息和产业政策信息来说效率更高。

四 制度要素特性

（一）联盟结构

联盟结构是指养殖企业、科研机构和大学、科技中介机构等组织在组建联盟时所采用的合作形式，主要分为合约式（非权益式）和股权式（权益式）。由于不同的联盟结构为联盟成员间互动提供了不同的条件，从而导致联盟成员获取和控制所需信息的数量与质量会有所差异。[②] 因此，联盟结构影响着联盟成员的互动方式、联盟内的知识流动

---

① Jarillo, J. C., "On Strategic Networks", *Strategic Management Journal*, Vol. 9, No. 1, 1988.

② ［日］迈克尔·Y. 吉野等：《战略联盟——企业通向全球化的捷径》，商务印书馆2007年版，第275—281页。

以及联盟的运行管理，是技术创新联盟持续发展的组织平台和基础。由于海水养殖业具有社会公益属性，海水养殖业技术创新联盟以产业关键共性技术为创新目标，再加上海水养殖业创新过程的高度不确定性，所以海水养殖业技术创新联盟尤其适合选择灵活性较强的合约式联盟结构。盟员各方通过在契约中约定各方的权利义务来保证合作创新目标的实现。这样既能发挥联盟内产学研各方的互补优势，彼此之间又相对独立，比较起正式的股权式结构具有更大的柔性。

（二）联盟信任水平

联盟成员之间的信任水平分为三个层次[①]：一是弱态信任，即关系成员会实施机会主义行为；二是准强态信任，在这种信任关系中机会主义行为受到某种管理机制的约束；三是强态信任，机会主义行为受到内化在关系成员中的共有的价值观、原则和标准的约束。显然，强态信任为联盟成员合作关系提供了更加有效的基础，它借助较低的成本就可以约束成员间的机会主义行为。在海水养殖业技术创新联盟运行过程中，联盟成员之间的信任促进了知识和技术在合作各方的流动，降低了合作各方因共享资源带来的风险。首先，当联盟成员建立起信任关系之后，它们之间就拥有对合作伙伴能力及可预期行为的自信。其次，信任导致相互合作而不是相互猜忌，感觉像是“和自己人在一起”。于是，联盟内产学研各方就能够将精力投入到项目合作研发活动中而不用一直监控合作对象的机会主义行为。最后，信任充当了调控机制，有助于监控交易成本。因此，当存在高水平的信任关系后，合作各方就对彼此的能力和动机更加信任，就会更加愿意在彼此之间共享知识、观念、感觉和目标。

（三）海水养殖业行业特性

海水养殖业本身的行业特性影响着海水养殖业技术创新联盟内的知识流动情况。首先，海水养殖业科研活动通常需要学研方的科研人员和

---

① Barney, J. B., Hansen, M. H., “Trustworthiness as a Source of Competitive Advantage”, *Strategic Management Journal*, Vol. 15, 1994.

企业技术人员的跨区域流动进而形成“临时地理邻近”[①]。大多数海水养殖业科研活动需要利用企业的示范基地进行中试或者产业化示范，而这就需要海水养殖业科研人员亲临企业示范基地，与企业技术人员一起合作完成相关工作。学研方科研人员与企业技术人员面对面的交流非常有利于隐性知识的共享和转移。其次，海水养殖业生产对象的“自我繁殖性”和海水养殖业生产场所的“空间开放性”，导致海水养殖业科技知识很容易在海水养殖业生产主体之间溢出和扩散。一方面，知识的溢出和扩散对于具有社会公益属性的海水养殖业来说是必要的。政府主导的各级技术推广机构应该成为海水养殖业科技知识在联盟内乃至整个行业传播的助推器。但同时也必须采取措施应对由于“市场失灵”所导致的养殖企业创新乏力的问题。

五　网络结构特性

海水养殖业技术创新联盟知识网络的结构特性也会对网络内知识流动情况产生影响。从网络规模的角度来看，联盟构建的目标之一是集聚创新资源，搭建技术创新平台。联盟成员越多，意味着知识网络规模越大，进而网络内知识流动的效率越高，网络结点的知识流动能力越强。[②]但是，如果网络规模过大，联盟成员之间互动频率就会降低，联盟成员之间难以建立起高水平的信任关系和共同的愿景目标，从而导致联盟成员合作创新过程中机会主义行为增多，交易成本上升，技术创新绩效下降。因此，联盟成员规模并非越大越好，当规模达到一定程度时，其对联盟创新绩效将会产生负面影响，即联盟成员规模与联盟创新绩效之间呈现“∩”形关系（见图4－4）。从网络密度的角度来看，高密度网络由于在盟员之间构建更多的联结并且缩短了信息传递的平均路径，从而有利于网络内的知识流动，同时还有利于盟员之间建立良好的信任关系及联盟文化的塑造。然而，联盟内的知识网络密度过大会造成如同产业

---

① 李琳、梁瑞：《临时地理邻近对企业合作创新的影响机制》，《社会科学家》2011年第7期。

② 王晓红、张宝生：《知识网络结构特性对知识流动作用分析》，《价值工程》2010年第1期。

集群内的“技术锁定”、“过分根植”现象，联盟成员对联盟内知识资源的过度依赖同样会削弱学习能力，丧失创新能力和应对变化的能力，反而不利于联盟成员的知识获取、知识共享和知识创新。因此，应注重构建联盟通向外部知识源的知识获取渠道（见图 4 -4）。

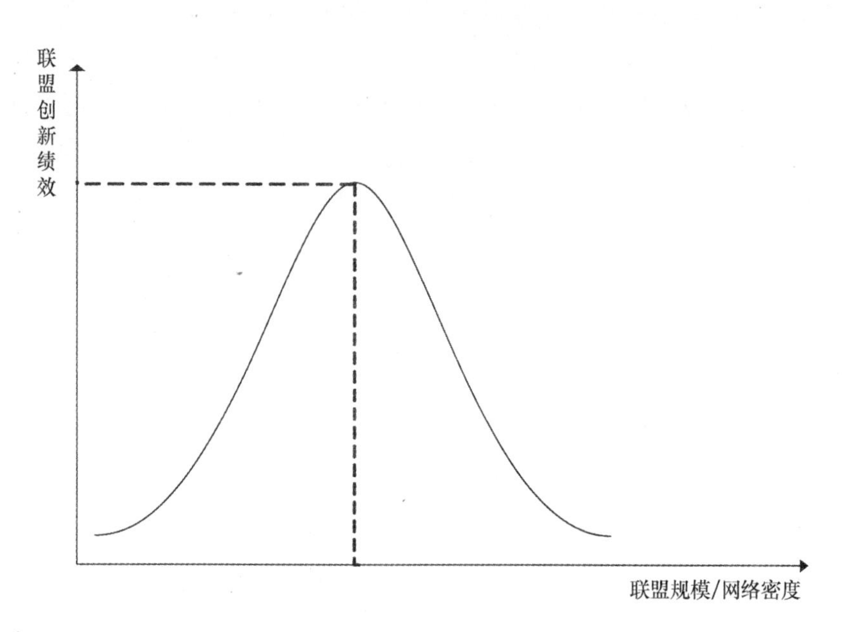

图 4 -4　联盟规模/网络密度与联盟创新绩效关系曲线图

第五章

海水养殖业技术创新联盟知识流动循环机理分析

本章重点探讨海水养殖业技术创新联盟知识流动的过程，即联盟内的知识是如何在流动中实现知识创新的，对该问题的探讨有助于我们把握海水养殖业技术创新联盟知识创新的机理。本章将首先对海水养殖业技术创新联盟的项目运行过程进行分析。在此基础上，从知识属性、知识层次以及两者之间的相互转化关系入手，探析海水养殖业技术创新联盟内的知识流动过程。

第一节　海水养殖业技术创新联盟项目运行过程

从第四章第二节可以得知，项目合作是海水养殖业技术创新联盟中最主要的知识流动模式。因此，本节主要以联盟中的项目合作为前提来探讨联盟的知识流动过程，并选取现代海水养殖产业技术创新联盟承担的“十二五”国家科技支撑计划项目“海水养殖与滩涂高效开发技术研究与示范”作为案例[①]，来说明在联盟背景下开展和实施的合作研究项目的运行过程并阐释其中的知识流动过程。该项目的运行过程分为以下三个阶段：

首先，围绕项目总体目标进行项目分解。该项目主要是针对当前海水养殖面临的技术瓶颈，重点研发苗种培育、集约高效、清洁生产的养殖设施、共性技术和模式，集成示范健康养殖和滩涂高效开发等关键技

---

① 参考来源：国家科技支撑计划项目“海水养殖与滩涂高效开发技术研究与示范”可行性研究报告。

术，构建现代海水高效健康养殖技术体系，为产业升级提供装备和技术支撑。根据项目总体目标，将研究内容分为共性技术和集成示范两类。共性类课题重点针对健康苗种培育和产业三大主要生产方式——浅海增养殖、池塘养殖、工厂化养殖所存在的关键技术问题。集成示范类课题根据各海域产业特点设置：黄渤海区重点解决海珍品增养殖技术、典型海湾复合养殖模式以及工厂化养殖设施优化集成示范；东海区重点解决滩涂养殖和海水养殖苗种规模化繁育技术；南海区重点解决网箱养殖和池塘规模化养殖技术优化与示范。通过集成示范，解决各海区主要养殖模式和主导养殖产品的关键技术及集成示范，形成一批示范基地，辐射带动相关海区产业发展，促进产业转型升级（见图5－1）。

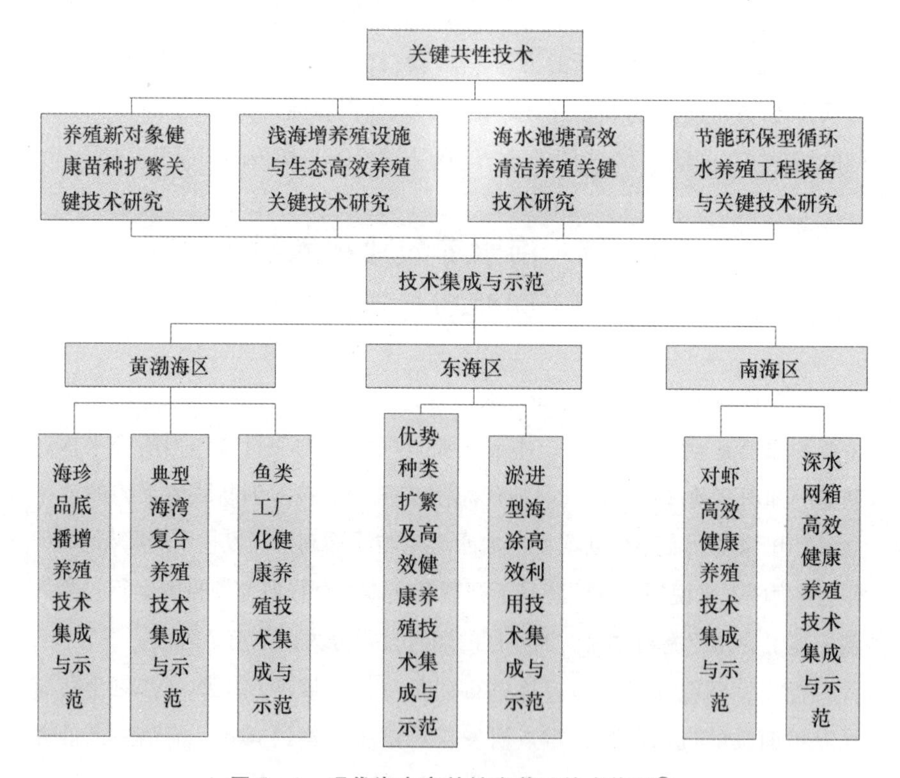

图5－1　现代海水高效健康养殖技术体系①

① 参考来源：国家科技支撑计划项目“海水养殖与滩涂高效开发技术研究与示范”可行性研究报告。

其次，组建研发团队。根据各海区需要解决的科学和技术问题，以及联盟内产学研各方的技术优势、研究专长和所处的地理位置，为各个子课题组建相应的研发团队（见表5－1）。研发团队的选取必须要考虑海水养殖业科技知识的情境特征，即选取那些临近某一海区的企业以及先前对该海区有过相关研究经验的科研机构和大学组成研究团队开展研究工作。以“黄渤海区典型海湾复合养殖技术集成与示范”课题为例，其研发团队成员包括寻山集团有限公司、中国水产科学研究院黄海水产研究所、中国科学院海洋研究所、中国海洋大学、山东俚岛海洋科技股份有限公司等。其中，科研院所的地理位置临近黄渤海区，它们拥有对该海区较为丰富的研究经验；而所选取的企业本身就地处荣成湾，这对于将研发成果在该海区进行示范和推广十分必要。

表5－1　**子课题研发团队成员**

子课题	牵头单位	参加单位
养殖新对象健康苗种扩繁关键技术研究	上海海洋大学	中国水产科学研究院东海水产研究所、中国海洋大学、中国科学院海洋研究所等
浅海增养殖设施与生态高效养殖关键技术研究	中国科学院海洋研究所	中国水产科学研究院南海水产研究所、中国水产科学研究院黄海水产研究所、中国科学院南海海洋研究所等
海水池塘高效清洁养殖关键技术研究	中国海洋大学	大连海洋大学、淮海工学院、中国水产科学研究院南海水产研究所、山东省海水养殖研究所等
节能环保型循环水养殖工程装备与关键技术研究	中国水产科学研究院黄海水产研究所	烟台开发区天源水产有限公司、中国科学院海洋研究所、中国水产科学研究院渔业机械研究所等
黄渤海区海珍品底播增养殖技术集成与示范	大连獐子岛渔业集团股份有限公司	中国科学院海洋研究所、中国水产科学研究院黄海水产研究所、中国海洋大学、大连海洋大学等
黄渤海区典型海湾复合养殖技术集成与示范	寻山集团有限公司	中国海洋大学、中国科学院海洋研究所、中国水产科学研究院黄海水产研究所等
黄渤海区鱼类工厂化健康养殖技术集成与示范	海阳市黄海水产有限公司	中国水产科学研究院黄海水产研究所、天津师范大学、天津市海发珍品实业发展有限公司等
东海区域优势种类扩繁及高效健康养殖技术集成与示范	浙江大海洋科技有限公司	浙江省海洋水产研究所、浙江海洋学院、宁波大学、浙江大学等
东海区淤进型海涂高效利用技术集成与示范	江苏大丰盐土大地农业科技有限公司	南京农业大学、中国水产科学研究院东海水产研究所、常熟理工学院等

续表

子课题	牵头单位	参加单位
南海区对虾高效健康养殖技术集成与示范	湛江恒兴南方海洋科技有限公司	中国水产科学研究院南海水产研究所、中山大学、海南省昌江南疆生物技术有限公司、广西壮族自治区水产研究所等
南海区深水网箱高效健康养殖技术集成与示范	中国水产科学研究院南海水产研究所	中山大学、广东中大南海海洋生物技术工程中心有限公司、中国水产科学研究院南海水产研究所、海南省水产研究所等

再次，开展调查研究工作。以“浅海增养殖设施与生态高效养殖关键技术研究”课题为例，该课题主要针对中国浅海区筏式养殖、底播养殖等养殖模式升级所需的关键技术进行研究，最终建立养殖效果评估和生态服务价值评价技术体系。因此，该研究团队中的产学研各方在开展研究工作之前，需要亲临海区进行调查研究，获取有关岛屿海域、海珍品底播海域的生境状况等一手资料。

最后，在项目进展过程中，产学研各方需要定期召开工作会议，发布各自的研究进展报告，并据此分析得出下一阶段需要解决的问题，并就有关合作研发事项达成共识或协议，形成会议报告。当工作会议召开完毕，会议总报告需要由产学研各方组织单位内部相关人员深入学习和领会，并将其贯彻到下一阶段的研发工作中去。

第二节　SECI 模型及其缺陷

在企业创新活动的过程中，以隐性知识为起点，隐性知识和显性知识二者之间互相作用、互相转化，知识转化的过程实际上就是知识创造的过程。知识转化包括四种基本模式：社会化（socialization）、外在化（externalization）、组合化（combination）和内在化（internalization），这就是著名的 SECI 螺旋模型。其中，社会化是从隐性知识到隐性知识的过程，通过共享经历、交流经验、讨论想法和见解等社会化的手段，隐性知识得以被交流。外在化是从隐性知识到显性知识的过程，通过隐喻、类比、概念和模型等手段将隐性知识清晰地表达成显性知识，是知识创造过程中至关重要的环节。组合化是指将分散的显性知识组合成清晰的显性知识系统，这一过程通常可以借助各种媒体（文件、会议、电话会谈或电子邮件交流等）所产生的语言或数字符号来进行。内在化是指显性知识转化为个人隐性知识的过程，即那些被“组合化”了的显性知识经由组织员工消化吸收并升华为员工个人的隐性知识。以员工新的隐性知识为起点，知识进入下一轮的社会化、外在化、组合化和内在化的转化过程，并引发知识创造的新一轮螺旋上升。

知识的创造需要处于某种特定的情境中，野中郁次郎以“场”（ba）的概念来具体说明情境、场所与知识创造的相互关系，他将“场”定义为知识被转移、分享、利用、创造时所处的情境，是物质空间（办公室）、虚拟空间（电子邮件）和精神空间（共享理念），或者是三者的任意组合，它们为知识螺旋式上升过程的具体阶段提供了平台。对应于知识转化的四种模式，“场”有四种类型，每一种“场”支持一种模式的知识转化。包括：支持社会化的发起性“场”、支持外在化的对话性“场”、支持组合化的系统性“场”和支持内在化的演练性“场”（见图5-2）。

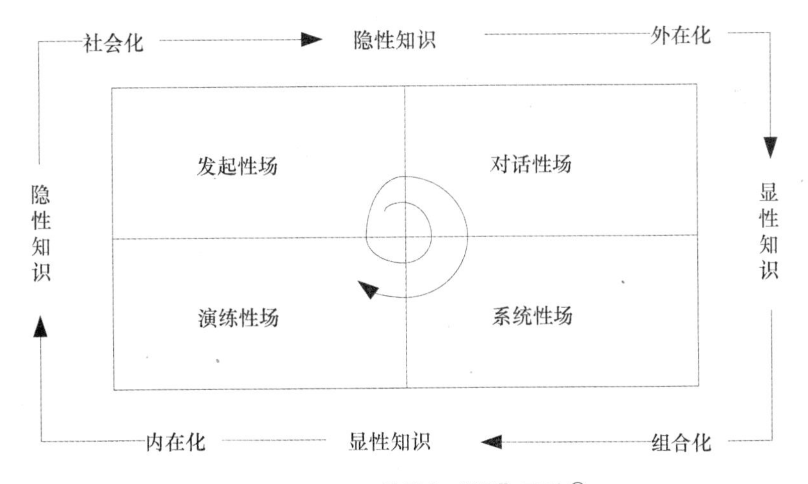

图5-2　SECI模型与“场”理论①

① Nonaka I., Konno N., “The Concept of ‘Ba’: Building a Foundation For Knowledge Creation”, *California Management Review*, Vol. 40, 1998.

SECI 模型堪称对企业知识生产过程进行的最为深入的探究，其对知识转化过程的描述也是最详尽的。SECI 知识转化模型准确地揭示了知识生产的起点与终点，即始自高度个人化的隐性知识，通过社会化、外在化、组合化和内在化，最终升华成为组织所有成员的隐性知识；并清晰地辨识了知识生产模式的常规类别，即“隐性—隐性”、“隐性—显性”、“显性—显性”和“显性—隐性”，描述了每种类别所对应的具体过程和方法。但该模型仍然主要用于研究单一组织的知识创造机制，并未涉及组织之间或者技术创新联盟背景下的知识转化过程。特别是对于知识活动异常活跃的技术创新联盟，其知识流动涉及个人、组织、团体及联盟等多个知识层面，知识在各个层面的生成机制以及在各个层面之间的转化机理尚不能用 SECI 模型予以解释。知识在各个层面的转化并不必然涉及所有知识生产的常规类别。这也正是下一节要着重解决的问题。

第三节　海水养殖业技术创新联盟知识流动循环

一　海水养殖业技术创新联盟的知识分布

知识在海水养殖业技术创新联盟中的分布可以划分为四个层次[①][②]（见表 5－2）。

表 5－2　　海水养殖技术创新联盟知识分布

知识层次	知识内容	
	学研方	企业方
个人知识	学科理论知识、文献知识、实验技能与方法、从养殖生产实践中发现的产业技术问题、沟通技巧、工作方法与经验等	养殖生产的生产技能、方法和经验，养殖科学技术知识、实验操作技能和方法，沟通技巧等

① 卫武、杨新、张鹏程：《个人、团队和组织层次知识转化对绩效的影响》，《情报杂志》2009 年第 28 卷第 9 期。

② 李久平：《基于 SECI 的企业内部知识流动过程及螺旋模型》，《情报杂志》2006 年第 9 期。

续表

知识层次	知识内容	
	学研方	企业方
组织知识	发展战略，日常事务，决策机制，以及实验室使用、实验室共建、实验操作、实验设备、中试基地等方面的各项管理制度和规范	企业发展战略，日常事务，决策机制，养殖生产技术，养殖生产工艺和流程，以及养殖示范基地、生产设备系统等方面的管理制度和规范
团队知识	研发目标、技术路线、实验方法、研发成果，以及团队议事规则、行为准则和团队文化	
联盟知识	联盟共性技术创新成果、联盟管理经验和方法、联盟文化	

（一）个人层次知识

个人层次知识简称个人知识。这里所说的个人主要包括联盟内养殖企业中的技术人员以及研究机构和大学里的科研人员，他们是联盟内知识流动的最基本的载体单元。上述所谈到的项目合作、非正式交流、人员流动和技术推广等知识流动模式中，知识流动最本质的都是借助于个体这个媒介进行的。从知识来源的角度划分，学研方科研人员的个人知识主要包括通过理论学习获得的有关海洋科学、水产科学、工程学、生命科学、物理科学、化学科学等学科理论知识，通过阅读水产领域学术文献获得的有关水产学科的前沿知识，通过在科学研究活动中进行实验操作获得的实验技能和方法，通过与企业生产一线员工交流发现的有关养殖生产实践中的技术瓶颈，如何与企业方工作人员进行良好沟通的技巧和工作方法等方面的知识。企业方技术人员的个人知识主要包括在养殖生产实践中获得的生产技能、方法和经验，通过与学研方科研人员合作所获得的养殖科学技术知识、实验操作技能和方法以及与学研方科研人员进行良好沟通的技巧等方面的知识。这类知识存在于个体的经验和技能之中，其积累依赖于个体的自我学习能力。

（二）组织层次知识

组织层次知识简称组织知识。组织是指第三章所谈到的海水养殖业技术创新联盟知识网络的主体要素，主要包括养殖企业、科研机构和研究性大学等联盟成员。对于联盟中的学研方而言，其组织知识主要包括发展战略、日常事务、决策机制以及实验室使用、实验室共建、实验操作、实验设备、中试基地和科研人员等方面的各项管理制度和规范。对于联盟中的养殖企业而言，其组织知识主要包括企业发展战略、日常事务、决策机制、养殖生产技术、养殖生产工艺和流程，以及养殖示范基地、生产设备系统、企业技术人员等方面的各项管理制度和规范。

（三）团队层次知识

团队层次知识简称团队知识。团队是指为了完成某些特定的研究任务，由海水养殖业技术创新联盟中产学研各方委派的人员共同组成的临时性研究组织。团队知识主要是指在海水养殖技术研发过程中研究团队形成的研发目标、研究内容、关键科学与技术问题、技术路线、实验方案以及所形成的阶段性成果，还包括团队议事规则、行为准则以及团队文化等。

（四）联盟层次知识

联盟层次知识简称联盟知识，主要表现为联盟在海水养殖业关键共性技术方面的创新成果，同时也包括联盟在运行和管理方面积累的管理经验和管理方法以及联盟内形成的联盟文化等。

海水养殖业技术创新联盟内的知识创新过程，就是上述海水养殖业技术创新联盟内的个人知识、组织知识、团队知识及联盟知识四个层次知识的相互转化过程。

二 海水养殖业技术创新联盟知识流动循环模型

产学研合作创新项目运行过程的背后，隐藏着科技知识的流动脉络。以“海水养殖与滩涂高效开发技术研究与示范”项目中的“浅海增养殖设施与生态高效养殖关键技术研究”课题为例，该课题下设四个子课题（见表5－3）。

表5－3 **“浅海增养殖设施与生态高效养殖关键技术研究”子课题列表**

浅海增养殖设施与生态高效养殖关键技术研究	
子课题 A	筏式养殖新设施与生态养殖技术
子课题 B	海珍品底播养殖新设备与关键技术
子课题 C	岛屿海域功能群构建和增养殖关键技术
子课题 D	浅海增养殖效果评估和生态服务价值评价技术

要进行产学研合作研究，产学研各方需要委派组织成员形成研究团队 R、U、E（见图5－3）。例如，科研机构委派 R1、R2、R3 三名人员组建研究团队 R（R1 \ R2 \ R3）。同样，大学和养殖企业也分别委派其相应人员组建研究团队 U 和 E；而 R、U、E 又共同组成“筏式养殖新设施与生态养殖技术”课题组 A（R \ U \ E）。以此类推，“海珍品底播养殖新设备与关键技术”课题组为 B（R \ U \ E），“岛屿海域功能群构建和增养殖关键技术”课题组为 C（R \ U \ E），“浅海增养殖效果评估和生态服务价值评价技术”课题组为 D（R \ U \ E）。那么，该课题实施中的知识流动过程包含以下几个阶段：

第一阶段，R、U、E 三个研究团队亲临海区进行调查研究。调查研究工作分别在子课题 A、B、C、D 中同时进行。在调研过程中，R、U、E 中的团队成员会分别在头脑中形成有关海区的生物资源、增养殖设施与模式、增养殖环境现状的基本信息，并基于各自已有的知识背景和研究经验形成对该现状成因的初步判断，这些都是团队成员在头脑中形成的关于调研对象的隐性知识。在此基础上，R、U、E 三个研究团队会分别举行团队会议，讨论和分析调研资料，分享个人的调研体会。借助团队会议，团队内部成员的个人显性知识得以共享，个人隐性知识得以潜移默化地在团队成员之间转移。

第二阶段，为了参与 A、B、C、D 各子课题内部的学术研讨会议，R、U、E 各团队必须形成正式的书面讨论报告以便在子课题组会议上共同讨论；而讨论报告的撰写过程就是挖掘团队成员的隐性知识，并将其提炼和显性化的过程。R、U、E 各团队可以用相关生态评估模型、调研现场的录音录像资料、预实验研究结果①、文献资料等工具并借助清晰的语言撰写讨论报告以供项目组成员分享。形成团队报告的过程就是个人知识向团队知识的转化过程，也就是团队成员个人隐性知识被显性化以及个人显性知识被组合化的过程。

第三阶段，在 R、U、E 共同参与的课题组会议上，三个研究团队

① 前期预实验研究结果非常重要。例如，某一海区的实验室研究结果对考量将该研究结果在另一海区集成应用的必要性和可行性具有重要借鉴意义。

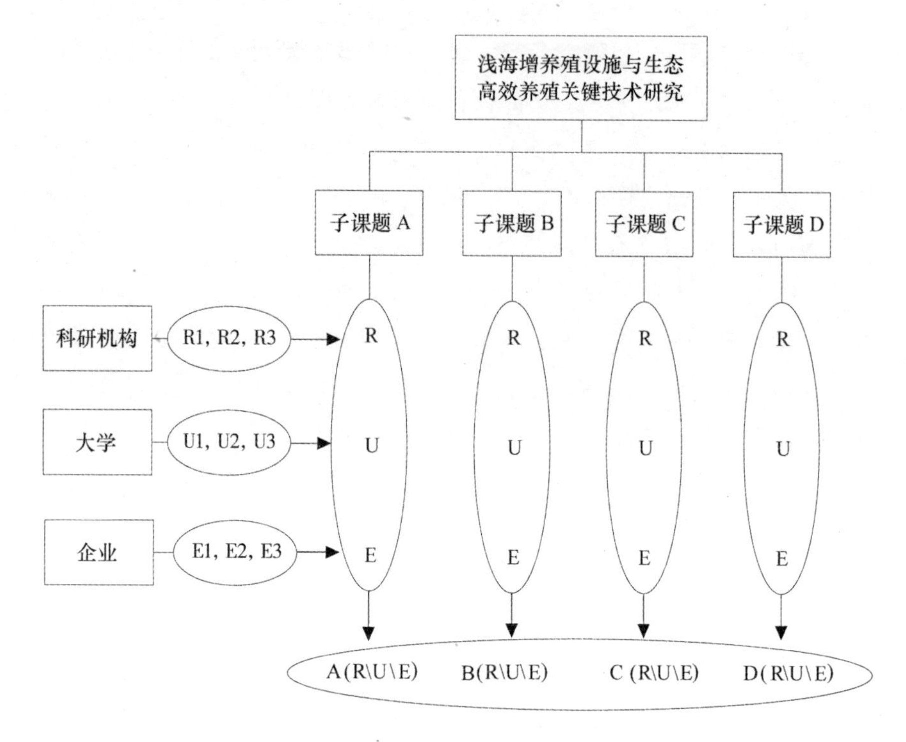

图 5－3 项目研究团队关系示意图

分享自己的讨论成果，并基于此进一步地深入讨论和沟通，对资源环境现状、增养殖物种、增养殖设施与技术、示范基地的选择、技术路线及研究方法达成共识或协议，并整合成子课题组 A 的讨论报告。以此类推，相应地完成子课题组 B、C、D 的讨论报告。这个过程便是将三个研究团队的显性知识进行组合和系统化，并形成新的显性知识的过程。子课题组 A、B、C、D 的讨论报告必然分别由其三个研究团队负责人共同商定和撰写；因此，该过程必然还包含着将 R、U、E 三个研究团队负责人隐性知识进一步挖掘提炼显性化的过程。这一阶段主要是团队显性知识向联盟显性知识的转化过程，同时也包含着个人隐性知识向联盟显性知识的转化。

需要特别指出的是，在“浅海增养殖设施与生态高效养殖关键技术研究”课题的知识流动过程中，还涉及一个很重要的环节，那就是子课题 A、B、C、D 之间的交流与学习。子课题之间横向的学习与交流活动主要体现在两个方面：第一，子课题 A、B、C 之间的相互学习。以子课题 B 和 C 为例，在 B 中实施的方案有助于 C 的完善。在子课题 B 中，已经得出研究结论：海珍品增养殖设施的研发不应单纯考虑海珍品的集聚效果，还应考虑大型藻类的附着情况，这一研究结论对于子课题 C 具有较高的借鉴价值。因此，在子课题 C 的研究中，就应考虑岛屿功能群构建过程中的大型藻类附着情况，增加浮式海藻床的研发，构建由大型水生植被、滤食性动物、沉积食性动物、游泳生物等组成的典型岛屿功能群。此外，通过子课题之间的学术交流发现，子课题 B 的部分方案在本海区[①]实施的风险较大，但如果在子课题 C 的实验海区实施，将会获得更好的效果；而子课题 C 的某些前期实验结果可以否定子课题 B 的某些实施方案，大大降低了科研活动成本。第二，子课题 D 分别与子课题 A、B、C 之间进行全程的交流与合作。由于子课题 D 主要针对浅海增养殖效果评估和生态服务价值评价技术进行研发，因此，子课题 D 的研究团队必然需要对子课题 A、B、C 的实施效果进行全程跟踪，全面了解子课题 A、B、C 示范海区的选址，以及水环境特征、底质环境特征、增养殖设施、增养殖物种、增养殖规模等因素，以便构建生态评估模型；反过来，子课题 D 所构建的生态评估评价模型又进一步完善了子课题 A、B、C 的集成示范效果。由于子课题之间的学习交流活动所导致的知识流动与第三阶段中所描述的知识转化过程相类似，因此，本书不对其进行详细分析。

第四阶段，子课题组 A、B、C、D 的讨论报告分别形成后，便成为课题组内 R、U、E 三个研究团队开展下一步研究工作的纲领性文件。因此，需要 R、U、E 三个研究团队对该报告进行深入学习、消化和吸收，并将报告的指示精神贯彻到各自的研究与示范工作中去。借助此过程，子课题组 A、B、C、D 的显性知识便传递给 R、U、E 三个研究团队，这便是联盟显性知识向团队知识的转化过程。而各研究团队也会组织各成员认真学习和领会该团队知识，并逐渐将其内化为团队成员个人的隐性知识，这便是团队显性知识向个人隐性知识的转化过程。

第五阶段，研究团队的成员分别来自产学研各方，他们虽然被委派参

① 子课题 A 将南海作为实验海区，子课题 B 和 C 将黄渤海作为实验海区。

与四个子课题的合作研究，但并没有脱离原有组织。因此，这些参与合作研究的成员必然会和其所在组织的成员发生正式或非正式互动。以科研机构为例，在互动过程中，研究团队成员 R1、R2、R3 头脑中有关子课题的显性知识和隐性知识会转移给其所在科研机构的其他同事；如果该科研机构注重知识管理的话，那么它会借助各种手段挖掘组织成员的个人知识并将其整合为组织知识。因此，参与子课题研究的 R1、R2、R3 个人知识被提升为该科研机构的组织知识。同样，在这个交流过程中，该科研机构组织知识也会转移到 R1、R2、R3 个人的头脑当中。这一阶段是个人知识[①]向个人知识、个人知识向组织知识以及组织知识向个人知识的转化过程。通过调研发现，中科院海洋所海洋生态与环境科学重点实验室[②]就设计了较为完善的研究团队学术交流常态化机制：建立专门的课题网站[③]；举行年中总结会和学术年会，参会科研人员汇报各自参与项目的执行情况、研究成果、存在问题以及研究展望；会后形成会议纪要，下发给每位科研人员并做好备案。上述中科院海洋所知识共享机制非常有助于将研究人员个人知识挖掘整合为团队知识和海洋所的组织知识。

至此，一个完整的知识流动循环便完成了。从上述分析可以看出，海水养殖业技术创新联盟的知识流动循环过程包括：个人—个人之间的知识流动、个人—团队之间的知识流动、团队—联盟之间的知识流动、联盟—个人之间的知识流动、组织—个人之间的知识流动（见图 5 -4）。借助这一知识流动循环，海水养殖业技术创新联盟中不同学科、不同种类、不同来源的各种知识不断地发生交流、碰撞等非线性相互作用[④]，知识的原有存在状态被打破、融合和重构，最终实现知识创新[⑤⑥]。

---

① 该部分若未具体指明显性知识还是隐性知识，即是指两类知识的综合。

② http：//www. meercas. com/.

③ “浅海增养殖设施与生态高效养殖关键技术研究”课题网址：http：//zcjh. meercas. com/Default. aspx。

④ 龙勇、周建其：《知识整合在竞争性联盟中的价值创造分析》，《科学管理研究》2006 年第 24 卷第 2 期。

⑤ 赵涛、曾金平：《企业隐性知识流动态扩展模型分析》，《科学学研究》2005 年第 23 卷第 4 期。

⑥ 张荣佳：《技术联盟中的知识转移与技术创新能力积累》，《当代经济管理》2009 年第 31 卷第 12 期。

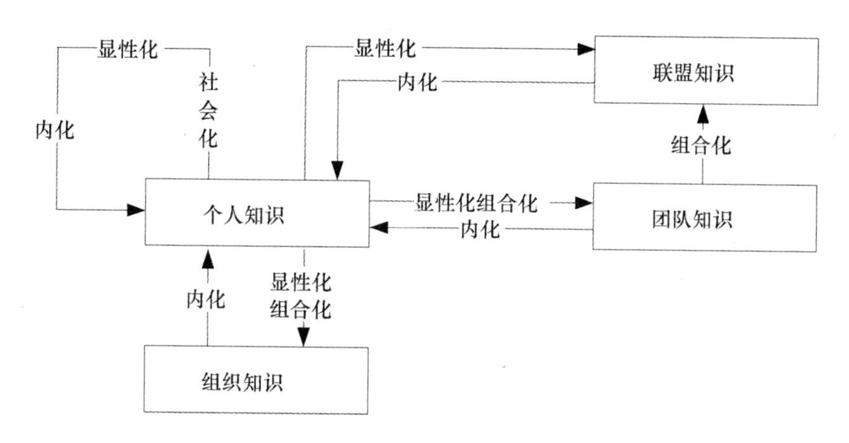

图 5－4 海水养殖业技术创新联盟知识流动循环模型

三 海水养殖业技术创新联盟各知识层次形成机理

如图 5－4 所示，现将海水养殖业技术创新联盟中每一知识层次的形成途径及其中涉及的知识转化机制总结如下①②③。

首先是联盟中个人知识的形成。个人知识的形成包括以下途径：（1）个人知识向个人知识的转化。包括个人之间隐性知识的转移（社会化）、个人隐性知识转化为显性知识（显性化）、个人将所获得的显性知识转化为自己的隐性知识（内化）等过程。（2）组织知识向个人知识的转化。包括组织显性知识转化为个人隐性知识（内化）。（3）团队知识向个人知识的转化。主要是指团队显性知识转化为个人隐性知识（内化）。（4）联盟知识向个人知识的转化。主要是指联盟显性知识转化为个人隐性知识（内化）。

其次是联盟中团队知识的形成。团队知识的形成包括以下途径：（1）个人知识向团队知识的转化。包括个人隐性知识被显性化、个人显性知识被组合化。（2）联盟知识向团队知识的转化。包括联盟知识

① 丁强、张小红、宋立荣：《农业科研机构知识管理研究》，《中国农学通报》2010 年第 26 卷第 14 期。

② 张峭：《农业科研机构知识管理一些问题的探讨》，《农业图书情报学刊》2004 年第 15 卷第 5 期。

③ 徐锐、黄丽霞：《基于知识链理论的虚拟团队知识共享模型研究》，《情报科学》2010 年第 28 卷第 8 期。

转化为个人知识、个人知识进一步转化为团队知识。其中，联盟知识转化为个人知识是指联盟显性知识转化为个人隐性知识（内化）。而个人知识转化为团队知识是指个人隐性知识被显性化、个人显性知识被组合化的过程。

再次是联盟知识的形成。联盟知识的形成主要包括以下途径：(1) 团队知识转化为联盟知识。主要是指团队显性知识转化为联盟显性知识（组合化）。(2) 个人知识转化为联盟知识。主要是指个人隐性知识转化为联盟显性知识（显性化）。

最后是联盟内组织知识的形成。组织知识的形成主要是指个人知识向组织知识的转化，包括个人隐性知识转化为组织显性知识（显性化）、个人显性知识转化为组织显性知识（组合化）。

需要特别指出的是，上述内容没有论及有关团队、组织、联盟层面的隐性知识的形成。团队、组织、联盟层面的隐性知识是指那些难以用文字、语言、图像等形式清晰表达的、难以传播的知识，具体表现为团队，组织，联盟所拥有的技术诀窍、经验、感悟、团队默契、文化、惯例等，它们是团队、组织、联盟在长期研究实践活动中所积累的结果。虽然这些隐性知识被不同层次的知识主体所拥有，但本质上依然存在于团队、组织或联盟中研究人员或技术人员的头脑之中，其载体仍旧是团队、组织或联盟中的个人。因此，本书将团队、组织、联盟层面的隐性知识归于个人知识的范畴。

仍旧以“浅海增养殖设施与生态高效养殖关键技术研究”课题为例。该课题首席科学家中科院海洋所杨红生研究员曾提出参与产学研项目合作的行动指南，即“帮忙不添乱、推车不开车、实干不忽悠”[①]，以及“从群众中来，到群众中去，加强乙醇作用，提升卤水效应”等合作感想。这些朗朗上口的口号看似通俗，实则反映了以首席科学家为带头人的科学研究团队的团队文化和行动理念。下面从显性知识和隐性知识在各个知识层面转化的角度予以分析。上述行动指南和合作感想由杨红生提出，最终成为他所带领的研究团队的团队文化和行动理念。完

① 摘自 http://www.meercas.com/shiyanshiyaowen/2011-03-17/482.html。

成这一转变需要以下几个过程：（1）个人知识的显性化。杨红生研究员根据自己多年的研究经历和体会，总结出产学研合作研究成功的影响因素，并将其提炼为上述言简意赅、朗朗上口的合作原则。这就是将个人头脑中隐性知识表达为显性知识的过程。（2）个人知识转化为其他个人知识。杨红生研究员只有将自己头脑中的隐性知识表达出来，才能够在团队中进行传播。当所有团队成员学习到这些合作行动指南后，大家通过不断的实践逐渐认可这一理念，并结合自己参与团队活动的经历将其贯彻到自己的研究活动中去，自然而然地形成了口号中所倡导的风气和作风。这便是将个人显性知识内化为个人隐性知识的过程。（3）个人知识上升为团队知识。被团队成员认可和接纳的理念，逐步成为大家开展研究工作的行动指南，至此，个人提出的合作感想便成为整个团队的文化理念，团队显性知识便形成了。从上述分析可以看出，这就是图5－4模型中所展示的个人知识到个人知识的转化以及个人知识到团队知识的转化过程。

四　海水养殖业技术创新联盟知识流动循环特征分析及启示

从图5－4可以看出，海水养殖业技术创新联盟知识流动循环模型具有以下特征：

（一）海水养殖业技术创新联盟知识流动循环模型是SECI模型的一个扩展模型。它与SECI模型有着较大的不同，该模型突破了SECI模型在单一组织边界内探讨知识生产过程的局限，将对知识生产过程的分析拓展到整个联盟范围。在联盟范围内厘清了知识在个体、团队、组织、联盟等各个层次的流动过程和转化机制。由模型可见，各个知识层次的形成途径各不相同，在形成某一知识层次的同时也构建了不同知识层次之间的关联关系。而不同的知识层次之间其转化机制也各有差异，转化机制中可能会涉及S、E、C、I中的一个或几个环节，这与SECI模型中所描述的组织内知识创造螺旋必然依次涉及S、E、C、I四个知识生产常规类别有显著差别。

（二）个人知识是海水养殖业技术创新联盟知识流动循环的起点和枢纽。如图5－4所示，团队知识、组织知识和联盟知识的形成都源于个人知识。联盟知识向团队知识的转化，组织知识与团队知识、组织知识与联盟知识之间的相互转化也必须经由个人知识作为媒介。其中，课题研究团队的首席科学家所拥有的个人知识对课题研究质量的高低具有关键影响作用。首席科学家拥有丰富的水产养殖科学技术知识和课题研究经验，应由其对子课题实施方案的完善提出意见，这往往对课题研究质量起到决定性作用。因此可以说，在海水养殖业技术创新联盟的知识流动循环过程中，如果没有个人知识的有效积累和转化，组织知识、团队知识和联盟知识将难以形成，整个知识流动循环将难以启动和维系。特别是对于组织知识的形成，由于海水养殖业技术创新联盟的构建目的就是要借助联盟内产学研各方的合作创新逐步提升联盟内乃至整个行业内企业的自主创新能力，而组织技术能力的提升依赖于组织知识的积累。因此，海水养殖业技术创新联盟内组织知识的积累将是联盟知识流动循环系统的终极目标。而从图 5－4 可以看出，组织知识积累的唯一渠道便是对组织内个人知识的整合和提炼，个人知识是组织知识的来源和基础。因此，个人知识的积累水平和转化质量决定着整个知识循环系统的运行质量。

因此，海水养殖业技术创新联盟构建和运行过程中需要重点考虑如何提高个人知识的静态存量和动态转化能力，以维持联盟内知识的持续循环能力，以及如何加强联盟内产学研各方组织，特别是养殖企业的知识管理工作，以有效地将个人知识转化为组织知识。

（三）个人知识显性化是整个知识流动循环的关键步骤。无论是个人知识到个人知识、个人知识到团队知识，还是个人知识到联盟知识的转化，都离不开个人知识的显性化过程。因为这一过程借助隐喻、类比、概念和模型等手段将隐性知识清晰地表达之后，在合作成员之间进行共享。一方面，显性化过程本身创造新的知识；另一方面，显性化过程为后续知识转化环节的知识创造奠定基础。知识显性化虽然重要，但却是联盟盟员各方的工作人员最不情愿做的事情，因为隐性知识是某一工作人员及其所在组织竞争优势的来源，如果联盟内部没有完善的知识产权保护机制、利益分配机制和信任机制的话，把自己的隐性知识显性化并共享给其他合作成员，就意味着削弱自己的核心竞争力。

因此，海水养殖业技术创新联盟运行机制设计的重点应着眼于如何降低因知识显性化给个人及其所在组织带来的知识流失的风险，即联盟信任机制。

五　海水养殖业技术创新联盟的知识转化“场”

海水养殖业技术创新联盟的知识流动必须在一定的背景环境之中才能够发生，这个背景环境可以被称为联盟知识流动平台。从图5－4可以看出，知识在个人、团队、组织、联盟不同层次之间的转化可能涉及其四种转化模式社会化、显性化、组合化和内化的一种或者几种。因此，依据图5－2，笔者从知识转化的四种模式出发，分析海水养殖业技术创新联盟知识转化所需要的知识场（见表5－4）。

表5－4　　海水养殖业技术创新联盟知识转化场

知识转化场	作用	构建方式
发起性“场”	为联盟产学研各方人员的沟通提供媒介，以便他们交流分享经验和精神模型等隐性知识	项目的实地调研，实验室或示范基地观摩交流，组织各类形式的沙龙或派对，利用QQ群、电子邮件、项目网站或论坛
对话性“场”	促进联盟产学研各方人员将隐性知识表达为显性知识	提高联盟内涉渔产学研各方提高自身的知识管理水平，鼓励曾经参与或正在参与联盟合作研究项目的员工将自己的研究成果或研究体会和经验向组织内其他成员传播。定期组织项目报告会，尤其要选择那些研究经验丰富、科研能力较强、思维活跃的研究人员作会议发言
系统性“场”	为联盟内知识的组合化过程提供环境支持	定期举办涉渔组织、研究团队或者联盟范围内的报告会，并将会议内容和成果进行汇总、加工、整理、存储
演练性“场”	促进联盟中各个层次的显性知识内在化为个人隐性知识	应在联盟组织机构中设立信息资料室和合作交流室，为联盟成员提供共享知识成果的平台；为联盟内的个人成员提供“干中学”的场所，包括联盟内产学研组织为员工提供实验场所，联盟内产品试验示范基地、产业化示范基地应对研究团队成员开放等

（一）发起性“场”

由图5－4可以看出，社会化过程只发生在个人之间的知识转化当中。因此，支持联盟知识社会化过程的发起性“场”旨在为联盟内个人成员之间的沟通提供媒介，是他们交流和分享经验及精神模型等隐性知识的“场”所。发起性“场”通过为联盟中人与人之间的相互作用提供支撑环境和条件从而对联盟内的知识流动产生影响。

海水养殖业技术创新联盟可以采用以下方式构建促进知识社会化的发起性“场”。一是组织联盟内产学研各方人员参与合作项目的实地调研。在调研过程中，产学研各方人员会将与调研相关的知识基础和经验以及对调研对象形成的感性认识进行面对面的交流。二是组织联盟内产学研各方人员到彼此的实验室或示范基地观摩交流。很多的实验操作技术环节可能很难用语言来表达，但借助现场演示却较容易领会其操作要领。例如，针对海珍品增养殖设施规模化布放设备的研制，就需要科研人员到养殖企业生产一线观察企业技术人员布放海珍品增养殖设施的具体过程，直观地了解其布放过程中存在的技术需求和难点，以便完善研发设计方案，提高所研制设备的可操作性。再比如，要掌握刺参产卵时机的判别技术以及苗种的培育技术，也特别需要科研人员与技术人员的现场演示与交流。三是组织各类形式的学术会议、学术论坛、沙龙或派对推动联盟内产学研各方人员建立良好的个人关系。四是利用 QQ 群、电子邮件、项目网站或论坛等网络信息技术丰富联盟内产学研各方人员的交流渠道。后两种方式旨在为产学研各方人员培养私人感情、加强信息沟通、增进信任关系，因为只有在此基础上，各方人员才易于建立共同的合作愿景和目标，并在此框架下共享知识和经验。

（二）对话性“场”

对话性“场”支持联盟中知识的显性化过程，为联盟内隐性知识向显性知识的转化提供了空间。从图 5－4 可以看出，知识在个人向团队层次、联盟层次和组织层次的转化都会涉及知识的显性化过程。因此，联盟知识的显性化过程是联盟内知识流动和知识创造的关键环节。对话性“场”为联盟产学研各方人员借助各种方式将隐性知识表达为显性知识提供激励措施和平台。

海水养殖业技术创新联盟可以采用以下方式构建促进知识显性化的对话性“场”。首先，针对个人知识向其所在涉渔组织知识的显性化，需要联盟内的各类涉渔组织提高自身的知识管理水平。具体来说，应制定相应的激励政策，鼓励曾经参与或正在参与联盟合作研究项目的员工，在不违反联盟知识产权管理制度的前提下，采用报告会或者交流会的方式，将自己的研究成果或研究体会和经验向组织内其他成员传播。目前，獐子岛渔业集团已经成立研发部，东方海洋与獐子岛还分别与海洋所共建联合实验室，东方海洋委派专职主任承担联合实验室的管理工作。这些措施都非常有助于提升养殖企业在参与产学研合作研究过程中的知识获取能力。其次，针对个人知识向团队层次、联盟层次的转化，需要以合作研究项目作为驱动和平台，定期组织各种形式的项目报告会，促进研究团队内部人员的交流以及团队之间研究成果的交流。在此过程中，尤其要选择那些研究经验丰富、科研能力较强、思维活跃的研究人员作会议发言。

（三）系统性“场”

系统性“场”支持联盟中知识的组合化过程。在系统性“场”中，联盟内低一层次的显性知识可以组合为更高层次的显性知识，最终在联盟内产学研各方组织层次、联盟研究团队层次以及联盟层次形成系统化的显性知识体系。由于显性知识易于转移，依据图5-4，系统性“场”主要为海水养殖业技术创新联盟内的个人知识组合化为组织知识、个人知识组合化为团队知识、团队知识组合化为联盟知识提供一个有效的环境支持。

海水养殖业技术创新联盟可以采用以下方式构建促进知识组合化的系统性“场”。首先，针对个人知识组合化为组织知识的过程，重点提高联盟内产学研各方组织的知识管理水平。在上述对话性“场”中已提到定期举办各类报告会、交流会的重要性；在此基础上，要特别注重将会议内容和成果进行汇总、加工、整理、存储，应在联盟组织体系中成立信息资料室专门负责这项工作，以便为今后该类信息的共享和使用提供便利。其次，针对个人知识组合化为团队知识的过程，在定期组织研究团队中各类项目报告会的基础上，注重对研究团队书面报告的整理、存储；其中，对于选拔那些富有项目管理经验的研究人员担任研究团队的负责人尤为重要。最后，针对团队知识组合化为联盟知识的过程，仍旧需要借助定期举办的各类研究团队交流会，并对整个项目形成的最终研究成果和研究报告进行整理和存储，以便今后联盟内外各类行业主体对该类信息的使用和共享，这项工作主要由联盟中负责服务交流工作的信息资料室来完成。上述对系统性“场”的构建方式可以借助先进的信息技术如网络、数据库等来进行。

（四）演练性“场”

从图5-4可知，海水养殖业技术创新联盟中知识的内在化过程涉及联盟知识、团队知识、组织知识、个人知识的显性知识向个人知识隐性知识的转化。演练性“场”就是为联盟中各个层次的显性知识内在化为个人隐性知识提供场所。个人隐性知识的形成离不开个人技术学习活动的开展。因此，演练性“场”就是为个人吸收、消化组织知识、团队知识和联盟知识提供支撑条件。

海水养殖业技术创新联盟可以采用以下方式构建促进知识内在化的演练性“场”。一是在不违反联盟知识产权管理规定的情况下，尽可能多地让联盟内的个人成员接触到各个层次的知识成果。这就需要联盟组织机构中的信息资料室和合作交流室协同工作，为联盟成员提供共享知识成果的机会。二是为联盟内的个人成员提供“边做边学”的场所。比如，联盟内产学研各方应为其员工提供实验场所；联盟内产品试验示范基地、产业化示范基地应对研究团队成员开放等。目前，依托东方海洋与中科院海洋所共建的海珍品良种选育与健康养殖实验室，就建立了专门用于实验研究的生产车间，还为在公司开展研究工作的研究生和科研人员提供了舒适的学习和办公场所。借助类似的机制，可以使联盟中的个人成员通过实干训练或自主探索来消化、吸收、反思所学习到的各个层次的显性知识。在这个过程中，必然会运用到个人原来已经拥有的知识，两方面整合后会创造出个人成员的新的隐性知识。

第四节 海水养殖业技术创新联盟知识流动循环动力机制——知识学习

前面一节从知识转化的角度分析了海水养殖业技术创新联盟知识流动的循环过程，接下来将进一步分析海水养殖业技术创新联盟知识流动的发生机制，海水养殖业技术创新联盟知识流动循环的根本动力在于联盟内研究人员的个人学习活动和研究团队、产学研各方及联盟进行的知识学习活动。

一　海水养殖业技术创新联盟知识学习类型

由于海水养殖业技术创新联盟最重要的知识流动模式是项目合作，因此，笔者先从联盟内产学研各方委派的研究人员及其所在的研究团队之间的关系入手，来探讨其中所涉及的学习活动。借鉴已有的研究成果①②③，并结合海水养殖业技术创新联盟知识流动循环的基本规律，本书将海水养殖业技术创新联盟中所进行的知识学习活动概括为三种类型：研究团队的单环知识学习、联盟的双环知识学习和联盟内产学研各方的知识再学习（见图5－5）。

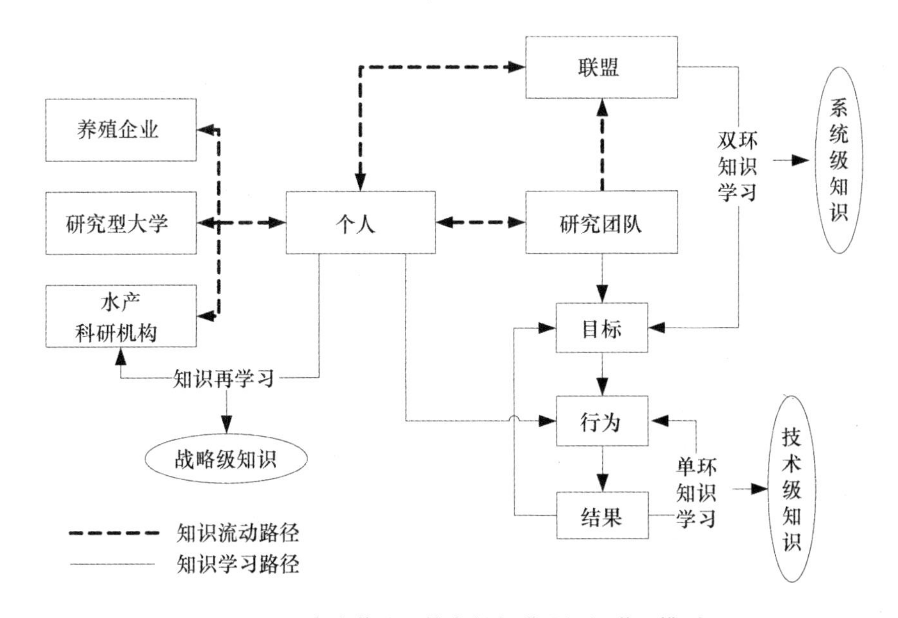

图5－5　海水养殖业技术创新联盟知识学习模型

---

①　高章存：《克瑞斯·阿吉瑞斯组织学习理论述评》，《经济社会体制比较》2006年第4期。

②　彭灿、胡厚宝：《知识联盟中的知识创造机制：BaS－C－SECI模型》，《研究与发展管理》2008年第20卷第1期。

③　江旭、高山行：《战略联盟中的知识分享与知识创造》，《情报杂志》2007年第7期。

单环知识学习是指在不质疑和改变联盟内项目研究团队的本质目标与核心价值观的情况下，对团队的研发策略和行为进行检查和修正，以达到良好的团队绩效。而双环知识学习是指当研究团队的目标未达成时，首先重新评价团队存在的基本假设、本质目标和核心价值，然后在此基础上，发现导致绩效不佳的有关策略和行动的错误。显然，单环知识学习只有单一的反馈环，它是在既有的团队目标和文化框架下采取合适的行动并完成确定的目标。

双环知识学习则有两个相互联系的反馈环，它对团队的价值观和目标等基本问题提出了质疑和挑战，可能会导致团队战略与行为的巨大改变。单环知识学习适合于日常性、重复性的问题，有助于完成团队日常研发工作；双环知识学习更多地与复杂性、非程序性的问题相关，并导致联盟文化、价值观、管理制度等一系列的改变。

知识再学习是指由双环学习所引发的联盟内某一组织对其组织战略等方面提出质疑、反思并加以改进的过程。

二　海水养殖业技术创新联盟知识学习模型

首先是研究团队的单环知识学习。以某一具体联盟目标为例，联盟会组织相关产学研组织委派相关研究人员进入研究团队。研究团队根据研究计划的进度，由团队负责人负责整个团队的研究进程。在研究过程中，团队内的知识流动遵循从个人知识经过显性化、组合化过程转化为团队知识，团队知识经过内在化过程转化为个人知识。如果研究团队未能按照研究计划达到设定的研究目标，那么研究团队必然要对整个研究过程中的研究方法、实验环境甚至是参与人员的操作方式等因素进行反思，找出失败的原因，进而在接下来的研究中进行调整，最终达到既定的研究目标。以“浅海增养殖设施与生态高效养殖关键技术研究”课题为例。为了衡量增养殖效果，就涉及刺参鲜活状态下的称重问题。最初，研究团队设计了称重方案一：刺参离水后直接称重；但实验操作结果显示刺参个体之间含水量差异较大，该方法无法衡量刺参的准确重量。进而，研究团队进行反思后发现，刺参体内含有大量水分，要想准确称重鲜活状态下的刺参必须排除水的干扰。研究团队经过讨论设计了方案二：刺参离水后排水 10 分钟再称重；然而，实验中发现，刺参个体之间排水量差异较大，由于不能保证刺参体内全部水分的排出，因此，此种方法对鲜活刺参的称重结果误差较大；并且，方案二虽优于方案一，但却对海参的活力产生了一定的影响。因此，研究团队进行更深入的讨论，确定了下一轮实验的目标：如何在不影响其活力的情况下，完全排除水的干扰。于是设计出方案三：直接对刺参进行水下称重；实验结果显示，该方案的称重结果与刺参的干重有很显著的相关性（相关系数 >90%）；实验效果最好，能够在保证刺参活力的条件下，较为准确地称出刺参重量。上述研究团队围绕既定的研究目标，进行反复讨论，反复修正实验方案的过程便是单环知识学习的过程。单环知识学习过程主要发生在联盟的研究团队内部，单环知识学习创造出的主要是技术知识，包括研究方法、实验环境以及参与人员的操作方式，这些技术知识表现为个人知识和团队知识（见表 5 –5）。

表 5 –5　**海水养殖业技术创新联盟知识学习**

知识学习类型	知识学习主体	知识学习结果	所属知识层次
单环知识学习	研究团队	技术知识	个人知识 团队知识
双环知识学习	联盟	系统知识	联盟知识
知识再学习	联盟内的 涉渔产学研组织	战略知识	联盟内产学研 组织知识

其次是联盟的双环知识学习。在海水养殖业技术创新联盟中，可能存在这样一种情况，即，虽然研究团队不断地调整研究方法、实验环境及研究人员的操作方式，但是仍然难以按计划实现研究目标。这就意味着单环知识学习的失败。于是，联盟的研究团队及项目管理部门开始反思研究目标的合理性，并从联盟层面上寻找导致研究失败的原因，比如联盟文化、联盟内的信任水平、联盟的各项制度等。以“浅海增养殖设施与生态高效养殖关键技术研究”课题为例。海珍品增殖礁体应按照科学的结构和布局投放；由于礁体规模大，研究人员无法自行布放，因此需要产学研合作，由企业工作人员配合科研人员对礁体进行投放；

但最终的结果是所投放礁体的藻类附着效果以及刺参等海珍品的集聚效果不理想，从而未能实现课题既定目标。经过反思，团队研发人员目标未能实现的原因：研究目标的设定和礁体投放的操作规程设计，未能考虑企业工作人员的实际操作能力和业务素质较低这一现实情况。因此，首先合理调整研发目标；其次修正礁体投放操作规程，使其更易理解和执行；最后加强与养殖企业高层沟通，并对企业一线操作人员进行技术培训，使其从思想上重视礁体投放工作，并从技术上满足操作规程对一线操作人员的要求。再比如，课题组研发的人工礁区“藻鲍参”多营养层次综合增养殖技术，要求大型藻类、皱纹盘鲍与刺参之间应保持合理的搭配比例才能达到较好的养殖效果；然而，养殖企业往往为了追求更大的经济效益，会擅自投放过量的皱纹盘鲍苗种，导致苗种对大型藻类的摄食严重，进而影响了多营养层次综合增养殖技术的总体实施效果。这类问题主要还是源于联盟内产学研各方价值取向的差别以及海水养殖企业的短视行为；因此，应加强沟通和培训，增进养殖企业与学研方之间的信任关系，使海水养殖企业意识到生态效益、社会效益、经济效益的协调提高对于海水养殖业可持续发展的重大意义。上述对研究目标的修正以及对联盟产学研各方的协调过程便是联盟的双环知识学习。在这个过程中，必然涉及联盟内参与项目合作的产学研各方组织的博弈过程。由于它们的价值观互不相同，组织行为习惯各有差异，联盟组织管理机构需要求同存异，在产学研各方组织的差异中寻找解决冲突的方法。双环知识学习过程主要发生在联盟的研究团队之间及联盟层面。双环知识学习创造出的是系统知识，即有关联盟目标、价值观、文化及各项管理制度等方面的知识。这些系统知识主要表现为联盟知识。

最后是产学研组织的知识再学习。单环学习与双环学习之后，研究团队的个人获得了更多的显性知识和隐性知识。这些个人知识会流向其所在的产学研组织。联盟内的产学研组织通过挖掘、整合这些个人知识，会形成新的组织知识——战略知识，即有关本组织是否参与联盟以及如何更加有效地参与联盟等与组织战略相关的知识。这些战略知识可能会涉及以下内容：（1）本组织人力资源战略：选择何种人员进入联盟的研究团队、如何提高本组织员工的技术水平。（2）本组织的价值观和组织文化：是否鼓励创新、是否注重技术能力的提升、是否鼓励知识共享等。借助再学习创造出的战略知识主要表现为组织知识。

第六章

海水养殖业技术创新联盟知识流动保障体系建设

第一节　海水养殖业技术创新联盟信任机制设计

一　构建海水养殖业技术创新联盟信任机制的重要意义

海水养殖业技术创新联盟内的知识流动涉及知识生产、知识扩散、知识应用与开发等环节，知识生产与知识源的特性有关，知识应用和开发与知识受体的特性有关，而知识扩散则主要与知识源和知识受体之间的关系特性、知识属性有关。本章重点探讨海水养殖业技术创新联盟众多运行机制中的信任机制，信任机制是促进海水养殖业技术创新联盟知识流动的关键机制。

首先，信任能够提高联盟内知识源的知识生产绩效（见图6－1）。知识源的知识生产活动是联盟内部知识流动的起点。由于知识生产活动需要投入较高的学习成本、研发成本并付出较高的机会成本，因此，需要有较高的知识产出和收益保障才能提高知识源的知识生产的主动性和积极性。而在联盟产学研各方合作过程中，知识受体复制、学习和使用新知识的成本要低很多；甚至有些知识受体通过“搭便车”无偿使用知识源生产的新知识，从而导致知识源无法充分获取知识生产所带来的收益。[①] 对联盟内盟员机会主义行为的担忧，会削弱知识源的知识生产积极性和知识转移意愿。为了消除联盟内知识源对知识传播和使用过程中的知识泄露以及由此所导致的自身组织核心优势被削弱风险的顾虑，

① 徐仕敏：《知识流动的效率与知识产权制度》，《情报杂志》2001年第9期。

就特别需要在联盟各盟员之间构建起良好的信任关系。

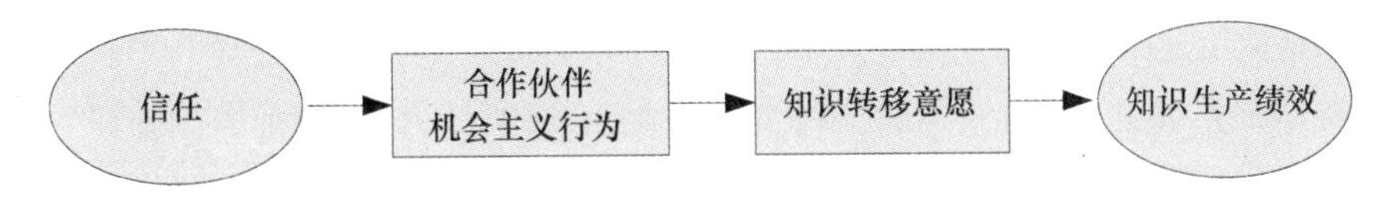

图 6－1　信任对知识生产绩效的促进机制

其次，信任能够提高联盟内部知识受体的知识应用开发绩效。知识受体的知识应用开发绩效取决于其知识吸收能力，而信任由于有利于增加知识受体的专用性资产投资进而能够提高联盟内部知识受体的知识吸收能力(见图 6－2)。专用性资产是指一种资产只对某一特定的使用者有用，或者只有用在特定的地方才能产生最大的价值。联盟内某个盟员一旦进行专用性投资就降低了其在产学研合作中的讨价还价能力。所以，只有在联盟盟员信任合作方的情况下，才会选择专用性投资。按照威廉姆森的分类，资产专用性分为地点专用性、物质资产专用性和人力资产专用性三类。[①] 其中，联盟盟员对地点专用性投资可以使合作各方地理位置相邻、面对面地进行密切交流和磋商，容易形成彼此间的共同语言、习俗和习惯，减少合作中的摩擦，促进知识流动。联盟盟员对人力资产专用性投资能使知识源与知识受体中工作人员的知识背景具有相似性，知识差距缩小，从而提高知识受体的知识吸收能力。[②] 比如，在大西洋鲑工业化循环水养殖技术研究与应用项目[③]中，为了提高与中科院海洋所合作研发绩效，东方海洋专门聘

① Williamson, O. E., "Strategy Research: Governance and Competence Perspectives", *Strategic Management Journal*, Vol. 20, No. 12, 1999.

② 吴绍波、顾新、彭双等：《知识链组织之间的冲突与信任协调：基于知识流动视角》，《科技管理研究》2009 年第 6 期。

③ 大西洋鲑鱼俗称"三文鱼"，含有丰富的不饱和脂肪酸，肉质优良，口味鲜美，少脊少刺，色泽橘红，是制作生鱼片、烟熏鱼、鱼排的上等鱼品。目前，大西洋鲑的成鱼养殖在国外已经十分成熟，以海上网箱养殖为主；但是由于网箱养殖存在着养殖污染物排放、抗生素滥用、疾病难以控制以及逃逸造成的生态灾难等诸多问题，因此发展新的养殖技术和生产模式，使养殖过程更为"环境友好"已成为该产业亟待解决的关键问题，国际上普遍认为陆基工业化循环水养殖应是未来大西洋鲑养殖的重要发展方向之一。大西洋鲑工业化循环水养殖技术研究与应用项目由中科院海洋研究所与山东东方海洋科技股份有限公司合作完成，实现了国内乃至国际上首次大西洋鲑商品鱼的大规模工业化循环水养殖。

用和引进了大西洋鲑养殖方面的技术人员，并派公司技术人员前往挪威学习，同时对现有养殖车间进行改造，专门用于大西洋鲑的养殖。公司之所以采取上述措施增加专用性投资，是因为东方海洋科技有限公司与中科院海洋研究所拥有较高水平的信任关系；在此基础上，公司增加专用性投资必然会提高公司在产学研合作过程中的知识吸收能力，提高合作创新绩效。

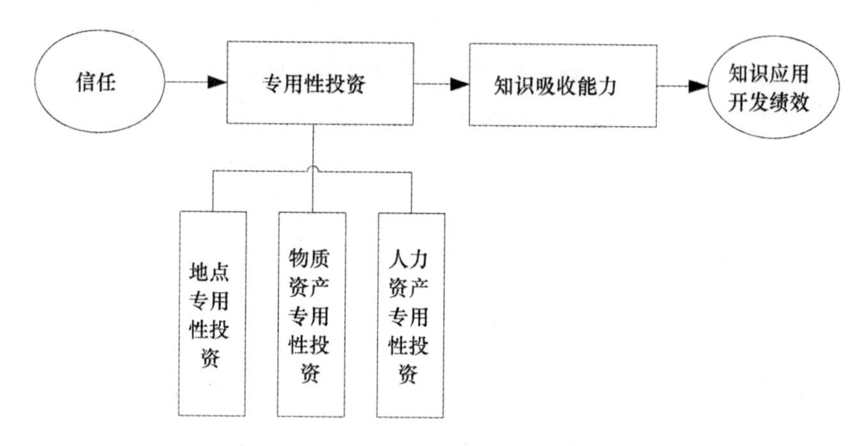

图 6－2　信任对知识应用开发绩效的促进机制

最后，信任能够促进联盟内的知识扩散（见图 6－3）。在知识属性、网络结构、联盟结构既定的情况下，联盟内的知识扩散主要取决于知识源与知识受体之间的关系特性。而盟员之间的信任水平对知识源与知识受体之间的关系特性有着重要的影响。根据信任的不同发展阶段，可以分为计算型信任、了解型信任和认同型信任。在联盟形成的初期，由于盟员之间了解甚少且缺乏成功的合作经历，因此，盟员之间的信任是以契约为基础的计算型信任；计算型信任非常不稳定，对于盟员之间持久合作关系的建立作用有限。而随着联盟盟员之间的深入了解与频繁交往，盟员之间的心理距离逐渐拉近，盟员之间的信任就逐渐发展成为以他人行为的可预测性为基础的了解型信任；了解型信任阶段的定期交流与沟通能够使盟员各方传递所需要的信息、偏好以及问题解决的方式。更进一步地，联盟盟员之间对彼此的需要、偏好、想法以及行为方式等形成了高度的理解和认同，形成了认同型信任；盟员充分相信自己的利益将被很好地保护，没有必要对合作伙伴采取监督或控制措施。关于认同型信任，笔者在对寻山集团的调研过程中深有体会，在本节关于联盟文化培育机制中将有论及。总之，随着联盟内信任水平的不断提升，盟员之间的关系强度不断加强、关系距离逐渐缩短，盟员开始拥有彼此进行知识互动的强烈意愿，并期望共同构建联盟内知识网络以促进知识流动的绩效。

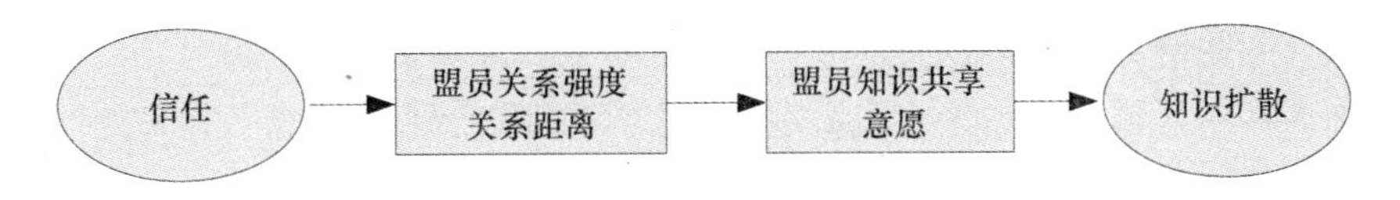

图 6－3　信任对联盟内知识扩散的促进机制

综上所述，构建海水养殖业技术创新联盟的信任机制对于促进联盟内知识流动至关重要。在海水养殖业技术创新联盟内构建完善的信任机制，有利于提高知识源的知识生产绩效、知识受体的知识利用绩效，并且增强知识源与知识受体之间的关系强度，拉近知识源与知识受体之间的关系距离，从而更好地促进联盟内的知识流动。

二　海水养殖业技术创新联盟信任的内涵与产生

（一）信任的内涵

早在 20 世纪 80 年代，西方学者就已经对企业间的信任进行了广泛而深入的研究。随着大量联盟组织的产生和发展，联盟盟员之间的信任关系逐渐成为国内外学者关注的重要研究领域。目前，学界有关信任的定义主要有以下观点：其一，从信仰的角度，信任就是合作双方共同持有的对于双方都不会利用对方的脆弱性去为自己牟利的信心[①]；其二，从控制的角度，信任就是尽管一方有能力控制另一方，但它却愿意放弃这种能力而相信另一方会自觉地做出对自己有利的事情[②]；其三，从意

① Sabel, C. F., "Studied Trust: Building New Forms of Cooperation in a Volatile Economy", *Human Relations*, Vol. 46, No. 9, 1993.

② Mayer, R. C., Davis, J. H., Schoorman, F. D., "An Integrative Model of Organizational Trust", *Academy of Management*, Vol. 20, No. 3, 1995.

愿的角度，信任是合作双方都愿意接受短期混乱的程度，混乱的程度越高，它们就越认为混乱会在长期的合作关系中消失。[①] 借鉴上述定义，海水养殖业技术创新联盟内的信任是指在海水养殖业技术创新联盟内，涉渔产学研各方相信彼此会信守约定并愿意放弃控制其他盟员而依赖其他盟员，同时坚信通过相互合作能为彼此带来更大的互惠。

（二）信任的产生

联盟盟员之间信任关系的建立促进联盟内部知识流动及盟员之间的知识共享。那么，如何才能构建起海水养殖业技术创新联盟内盟员之间的信任关系呢？关于信任的产生机制，Zucker（祖克）认为，信任的产生机制有过程型、特征型和规范型三种形式：（1）过程型机制。该机制强调过去的行为对现在及将来的行为有着不可磨灭的影响，因此，长期持续、可靠的相互关系往往会进一步强化为相互间的信任和依赖。而各方能够预期到当结盟后他们之间的相互关系能够进一步发展并带来更大的互惠时，联盟内的相互信任关系也就随联盟的拓展而不断得以强化。这种过程型的相互信任意味着相互信任关系可以通过联盟本身的创建、成长和成熟而发芽、开花和结果。（2）特征型机制。该机制认为联盟盟员的社会背景和组织文化越接近，他们的思维模式和行为方式的一致性也就越高，从而形成具有明显特征的、能够涵盖各方共享利益和策略并被各方接受的联盟文化的可能性也就越大。这种共同的文化能够减少盟员之间的矛盾和冲突，强化盟员行为的连续性和一贯性，保证相互间的信任受到最小程度的干扰和破坏。（3）规范型机制。该机制强调在联盟内建立一套阻止相互欺骗和防止机会主义行为的规范至关重要，即一方面提高欺骗的成本，另一方面增加合作的收益。这样可以帮助联盟内产学研组织当中的任何一方确信联盟的其他成员会信守诺言，从而自己也会表现出很强的可信度。[②]

---

① Anderson, J., Narus, J., "A Model of Distributor Firm and Manufacturer Firm Working Partnerships", *Journal of Marketing*, Vol. 54, No. 1, 1990.

② Zucker, L. G., "Production of Trust: Institutional Sources of Economic Structure", 1986, In: Staw BM, Cummings LL (eds) Research in organizational behavior, Vol. 8. Research in organizational behavior an annual series of analytical essays and critical reviews, edited by Staw BM, Kramer R., 2002. JAI, Amsterdam, pp. 53 - 112.

三　海水养殖业技术创新联盟信任机制构建策略

海水养殖业技术创新联盟信任机制是指为了促进海水养殖业技术创新联盟内的知识流动，而在联盟内部设计和使用的能够促进联盟盟员之间信任关系建立的某些措施和制度。根据祖克提出的联盟盟员之间信任关系的产生机制，笔者认为，海水养殖业技术创新联盟的信任机制应该包含联盟成员选择机制、联盟文化培育机制和联盟契约控制机制三部分（见图 6－4）。

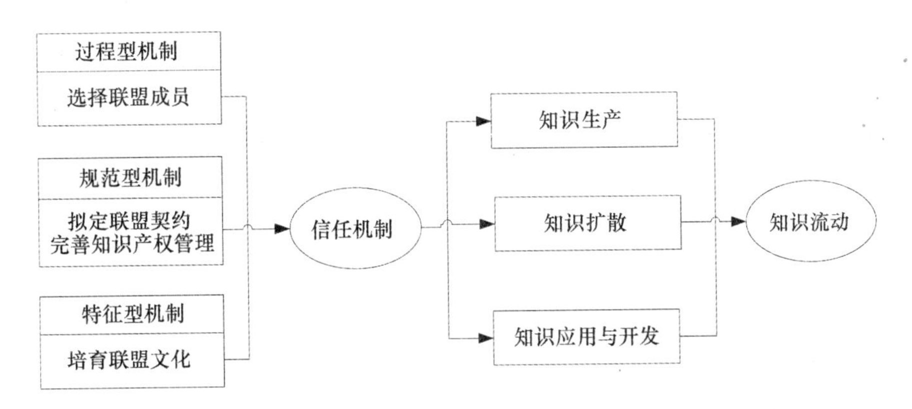

图 6－4　海水养殖业技术创新联盟信任机制构建

（一）联盟成员选择机制

依据过程型机制原理，联盟成员之间信任关系的建立在很大程度上依赖于其在参与联盟之前彼此之间关系的质量。也就是说，如果产学研各方曾经合作过并且有着愉快的合作经历，那么当这些产学研组织参与创新联盟之后，也会比较容易建立起信任关系。以寻山集团[①]为例，一直以来寻山集团非常重视企业与科研院所之间的合作研究工作，并在企业内部形成了“不惧怕失败、不急于求成、不犯短视症、鼓励大胆尝试”的创新文化。2001 年，中科院海洋研究所科研人员来企业开展全雌牙鲆鱼育苗试验，企业组织各方力量予以全力配合，并投入 20 万元

① 案例参考来源：http：//www. cnr. cn/kby/zl/t20060330_ 504187240. html。

作为项目启动资金，但由于种种原因试验没有成功；面对课题组的愧疚，公司上下没有丝毫抱怨，而是一如既往地给予鼎力支持，并再次投资50万元从国外引进先进检测设备，改善试验条件，同时从公司抽调两名技术人员协助研究所的科研人员开展技术攻关。对于寻山集团的理解和支持，课题组科研人员深受感动，并全身心投入研究，最终在第二年获得成功。此后，该项技术在全市进行推广，并被列为国家“863”计划重点科研项目。寻山集团对产学研合作创新的“坦诚相待、鼎力支持”，使其与科研院所之间建立了高水平的信任关系，这就为建立联盟之后产学研各方之间的战略合作奠定了良好的基础。

因此，在海水养殖业技术创新联盟建立之初，选择合适的盟员至关重要。联盟成员选择机制是指按照优势互补、实力匹配、目标一致、诚实守信的原则，以提高联盟技术创新绩效为目标，科学确定联盟成员的规则和措施。联盟成员选择是盟员之间构建高水平的信任关系的基础和起点。基于本书第四章第四节所论述的海水养殖业技术创新联盟知识流动的影响因素，海水养殖业技术创新联盟成员选择时应重点考虑以下因素：（1）对于水产科研机构和高校的选择，除了要考虑其科技优势资源和技术特色、创新团队之外，还要重点考察其科研成果的质量和数量。因为这类机构取得科研成果的过程就是知识编码的过程，科研成果积累丰厚的机构，其知识编码的经验和能力一定较强；而知识编码能力越强，就意味着作为知识源的学研方知识供给能力越强。（2）对于养殖企业的选择应重点考察企业规模和企业的研发投入情况。企业的研发投入是企业在吸收能力投入上的替代性投入；那些注重对研发活动进行持续投资并对员工进行技术培训的养殖企业往往具有较强的知识吸收能力。而规模较大的养殖企业一般来说品牌知名度较高、市场营销能力较强、财务状况较好，也更加注重企业技术水平的提升，因此，更易与学研方建立合作关系并且合作效果较好。（3）养殖企业、科研机构、研究型大学拥有的产学研合作经历及其诚信评价。那些拥有丰富且成功合作经历的产学研各方组织能够对彼此的组织文化较为认同，产学研各方工作人员有着良好的私人关系，因此，这些组织在加入联盟后更容易建立高水平的信任关系。

以现代海水养殖产业技术创新战略联盟为例（详见附录3），其成员总数为19个。其中，成员企业14个，成员高校3个，成员研究机构2个。该联盟选择其成员的条件为：联盟成员必须是独立的法人实体，积极从事海水养殖与海产品加工的骨干企业、重点科研院所和大专院校；自愿入盟，遵守联盟章程，承担联盟成员义务；在海水养殖与海产品加工行业具有一定的代表性、影响力和显著特色，具有较完整的研发体系、实验研究设施和人才队伍。调查发现，该联盟成员的选择流程如下：第一步，由联盟发起人向重点科研机构和大学发起倡议组建联盟。具体来说，是由寻山集团总公司发出倡议，呼吁有关涉渔骨干企业、高等院校、科研院所积极加盟携手合作，共同组建"现代海水养殖产业技术创新战略联盟"，为中国海水养殖产业发展做出贡献。第二步，由水科院黄海所、中科院海洋研究所和中国海洋大学等重点科研机构和大学推荐养殖企业。由于养殖技术创新主要以产学研合作为主，因此，学研方能够借助产学研合作活动对养殖企业的技术开发能力、技术学习能力和诚信状况有一个全面了解。由它们来推荐拟加入联盟的养殖企业较为公正和客观。第三步，根据自愿原则由被推荐的养殖企业、研究机构和高校提出加入联盟的申请。据调研，所有被推荐的养殖企业、高校或科研机构均提出了入盟申请；这足以说明，产学研各方均对提升技术创新能力有着迫切的要求，对于联盟成立的必要性和重要性有着清醒的认识。第四步，由寻山集团、水科院黄海所、中科院海洋所和中国海洋大学等根据事先确定的选择标准共同筛选申请者，包括：在海水养殖业具有一定的代表性、影响力和显著特色，具有较完整的研发体系、实验研究设施和人才队伍等；最后确定联盟成员。可见，海水养殖业技术创新联盟在运行实践当中对于联盟成员的选择印证了笔者的观点。

（二）联盟规范控制机制

依据规范型机制原理，联盟成员之间信任关系的建立和维护还需要借助联盟契约及其他正式的规章制度等来监督每一位联盟成员的行为，督促它们履行自己的承诺，防止机会主义行为的产生。[①]

---

① 王栋、苏中锋：《联盟中的知识管理：控制机制的作用研究》，《科学学与科学技术管理》2009年第10期。

1. 联盟契约

为了在联盟内部建立一个有效的信任机制，联盟成员应尽可能地制定出一个平等互利的契约，使联盟处于较完善的对等监督机制的约束之中。契约通常会包括以下内容：当事人的权利、义务、责任、利益，联盟的目标、战略、政策，以及联盟成员各方合作和冲突解决的原则和程序。

完备性高的契约之所以能够促进联盟成员之间的知识共享，是因为：首先，契约为联盟成员开展合作提供了一个明确的法律框架，规定好盟员合作的规则和流程，引导联盟成员的合作，各方可以按照约定好的程序和方式在既定框架下进行知识交换与共享。其次，契约中清晰地注明了各方的权利与义务，显著降低盟员之间的协调成本和联盟管理的复杂性，有利于提高联盟成员间知识共享的效率和准确性①。最后，契约明确了合作伙伴的利益，并且包含对滥用知识的行为进行惩罚的相关措施，有效降低危及合作的冲突，有助于打消联盟盟员对共享知识的顾虑，使得联盟各方知识共享得以顺利进行。总之，在海水养殖业技术创新联盟构建之初，编写严格的合同对于联盟的持续发展非常重要。要制定一份可靠的合同，需要合同当事人有远见卓识，大家必须能够识别未来合作中的潜在威胁，并制定减轻威胁的对策，从而实现共同目标。②

以现代海水养殖产业技术创新战略联盟为例，其构建之初就拟订了较为详尽的联盟协议书，由所有盟员共同遵守和执行。联盟协议书具体包括联盟的名称、组织原则和组建宗旨，联盟的技术创新目标、任务和联盟成员的任务分工，联盟的组织机构及职责，联盟成员，联盟的经费管理，联盟的项目管理，联盟收益分配原则和知识产权管理，联盟的解散和清算，违约责任，等等。

2. 知识产权管理制度

海水养殖业技术创新联盟契约中很重要的一部分内容便是知识产权

---

① Poppo, L., Zenger, T., "Do Formal Contracts and Relational Governance Function as Substitutes or Complements?" *Strategic Management Journal*, Vol. 23, No. 8, 2002.

② Williamson, O. E., "Strategy Research: Governance and Competence Perspectives", *Strategic Management Journal*, Vol. 20, No. 12, 1999.

管理，因为它是保障联盟内知识顺畅流动的关键机制。海水养殖业技术创新联盟中的知识流动主要包括知识生产、知识扩散、知识开发、知识应用等环节，而知识产权管理制度主要是规范和调整知识产权的取得、使用、转让和保护等过程中所产生的知识产权关系。因此，知识产权管理制度是联盟内部知识流动的效率和质量的关键影响因素。在海水养殖业技术创新联盟中，其知识产权管理制度主要分为三部分。

第一部分是对现有知识产权的投入和共享的相关规定。首先，联盟成员在加入联盟前和在联盟组织的项目以外，未利用联盟资源和条件研发的现有技术成果，知识产权仍归其享有。其次，在联盟组织的项目中，项目合作方应签订协议，明确各自投入的现有知识产权及其权利共享的范围和方式。在联盟组织项目的研发阶段和产业化阶段，如项目合作一方在项目合作中需要使用联盟其他成员的专利技术，可不经授权无偿合理使用；如需使用联盟其他成员的现有的非专利技术（如非公知技术信息、技术秘密等），项目合作方之间根据现有知识产权投入的约定范围和方式使用，项目合作方和非项目合作方的联盟其他成员之间可通过协商，签订技术许可和转让协议。最后，联盟组织项目的合作方，未经许可不得将他人投入的知识产权用于联盟项目外的其他用途。

第二部分是对于新知识产权的权利归属、使用和利益分配的相关规定。海水养殖业技术创新联盟新创造的知识产品主要包括：盟员合作创新成果、政府委托项目研究成果和非盟员委托项目研究成果。（1）针对政府委托项目研究成果。该类项目主要是受到财政资金资助，其研究成果的知识产权管理应该按照相关的法律法规的有关规定来执行。以联盟承担国家科技计划项目为例，该类项目研究形成的知识产权，应按照《科学技术进步法》《关于国家科研计划项目研究成果知识产权管理的若干规定》以及科技计划管理办法的有关规定执行。组织申报国家科技计划项目时，要在项目申请书和任务书中约定成果和知识产权的权利归属、许可实施及利益分配，以及联盟解散或成员退出的知识产权处理方案。具体来说，对于关键共性技术类课题，由于涉及国家社会公共利益，因此，其知识产权由国家和项目承担单位共同所有，并应协议约定各自对研究成果和知识产权拥有的权益。对于技术集成示范类课题，则由国家授予科研项目承担单位。项目承担单位可以依法自主决定实施、许可他人实施、转让、作价入股等，并取得相应的收益。（2）针对盟员合作创新成果。由于该类成果主要是由联盟成员自筹经费，利用联盟内共性平台研发的产品与工艺技术，因此，其知识产权应归参与该创新成果开发的联盟成员所有，并按协议约定分配和使用。（3）针对非成员委托项目研究成果。该类项目主要由非成员组织提供研究经费，并由某些成员利用其既有的产学研联合实验室或者联合研究中心承担研究任务。因此，该类项目所形成的知识产权原则上应归完成该项目研究的委托方和被委托方所有，并按照协议约定该类知识产权的利益分配和使用。

第三部分是对于联盟创新成果的推广方式。海水养殖业技术创新联盟创新成果应该采取适当的方式向联盟成员以及联盟以外的行业主体进行推广。（1）对于政府委托项目中的关键共性技术类课题的研究成果，应无偿向联盟成员以及联盟以外的所有行业主体进行推广。（2）对于政府委托项目中的技术集成示范类课题的研究成果，以及成员合作创新成果，应无偿向项目合作成员辐射和推广，以优惠的条件向联盟内未参与项目研发的其他成员有偿转让，以有偿许可或转让等方式向联盟外的行业主体推广。该种推广方式所形成的收益除提取一部分作为联盟办公经费和项目研发经费外，剩余部分按照成员对联盟和具体项目的贡献大小进行分配，提取和分配比例由各成员单位参加的联盟理事会讨论决定。（3）对于非成员委托项目研究成果，应以市场化的方式向其他行业主体转让，所得收益由该项目合作各方按协议分配。

此外，为了规范海水养殖业技术创新联盟知识产权的管理和保护，还应注意以下几点：一是联盟内新知识产权必须在形成产权后三个月内报秘书处知识产权室备案。二是联盟成员均有保护联盟知识产权及技术秘密的义务。联盟项目启动之前有关各方须签订技术保密协议，在联盟项目开发产生的技术成果中，对于符合技术秘密保护条件的技术，包括专利申请前技术，合作各方均应提出，经共同认定后成为合作各方的技术秘密进行保护。三是联盟共有知识产权的使用和转让，必须符合国家有关政策规定和联盟协议约定，并经理事会、专家委员会审批。四是当联盟内某一成员单位主动退出联盟时，该单位将自动放弃与联盟的缔约关系，不再享受其在联盟内对归属联盟的知识产权的共享条件。五是涉及联盟内知识产权的争议由理事会协调处理。

（三）联盟文化培育机制

由于人的有限理性，联盟不可能制定出面面俱到的契约来约束合作双方的行为，这就要求通过加强非正式制度约束来加强对联盟成员的诚信教育，使联盟成员树立“守信获益、失信受损”的合作观，培育和塑造联盟内部的诚信氛围。包括养殖企业、科研机构和高等院校在内的海水养殖业技术创新联盟成员，由于其组织性质和组织目标的不同，其组织文化会有差异，组织内部成员的价值观念、思维模式、行为方式都会存在差异。这将不利于联盟内产学研各方之间信任关系的建立。依据祖克提出的特征型机制，培育联盟内共同的文化能够减少盟员之间的矛盾和冲突，维护盟员之间的信任关系。所以，形成统一的联盟文化是非常重要的。

1. 对联盟盟员定期进行文化管理培训

在海水养殖业技术创新联盟中进行文化管理培训可以加强联盟盟员对其他盟员组织文化的反应和适应能力，促进来自于产学研各方组织的工作人员在项目合作过程中的沟通和理解。由于每一种组织文化都有其精华，借助文化管理培训，促进各种文化在联盟中相互渗透和交融，最终形成既融合各种组织文化优势又有鲜明联盟特征的处事原则和方法，从而确保联盟成员拥有统一的相互信任的文化基础；并将联盟共同的文化传递给联盟内的每位成员，形成强大的文化号召力和文化凝聚力，提高海水养殖业技术创新联盟的运作绩效。

海水养殖业技术创新联盟内的文化管理培训可以由秘书处中承担综合管理工作的行政管理室负责组织和开展，可以聘请联盟内部富有经验的管理人员进行培训，也可以聘请专业的管理培训公司进行培训。培训内容主要包括培养联盟内产学研各方的工作人员对文化及联盟文化建设重要性的认识，对产学研各方组织文化的宣传、交流与理解，提高跨文化交流与合作的技巧等。

2. 鼓励联盟成员之间的非正式互动

非正式互动主要表现为不同组织之间的人员的个人联系。这些个人联系是指在亲情、友情和交情等基础上遵循互惠和互利原则，建立与组织边界人员之间的人际联系。[①] 联盟成员组织中的工作人员之间的非正式互动有助于联盟成员组织之间建立信任关系。这是因为：首先，联盟成员组织中的工作人员通过对合作伙伴的拜访、沟通和帮助，在情感上形成了很强的联结纽带，这种联结缩短了成员组织之间的心理距离。其次，联盟成员组织之间的工作人员联系为组织之间建构起信息交换和共享的关系网络，这个网络密度越大，这些组织之间的沟通越顺畅，信息在组织之间的传递越有效[②]，组织在必要的时候获取所需的知识资源就越多。

以现代海水养殖产业技术创新战略联盟为例，寻山集团之所以能够成为该联盟成立的发起人并成为联盟首届理事长单位，很重要的原因之一就是寻山集团与联盟内其他产学研组织之间建立了良好的合作信任关系。而寻山集团总工程师、联盟秘书处秘书长卞永平先生对于这种良好的信任关系的建立功不可没。卞先生为人谦和、处事公正。他曾经在荣成市科委工作十余年，在科委的工作经历增强了他对涉渔企业提高科技创新能力迫切性和重要性的认识，并为他积累了丰富的与科技界相关的社会资本，他与很多科学家、教授、学者建立了多年的个人感情和信任关系。因此，当他被聘为寻山集团总工程师后，十分重视集团的科技创新工作，大力推动和实施"科技兴海"战略。寻山集团与水科院黄海所、中科院海洋所及中国海洋大学等机构建立了紧密而持久的合作关系。实地调研发现，寻山集团与这些学研组织在合作过程中，正式契约的规制作用非常有限，许多涉及项目合作的风险分配等敏感问题甚至在合同当中都没有体现，但双方仍然能够愉快而顺畅地开展合作。究其原因，卞永平先生在产学研各方信任关系的构建方面起到了类似担保人的角色。

---

① 赵阳、刘益、张磊楠：《战略联盟控制机制、知识共享及合作绩效关系研究》，《科学管理研究》2009 年第 27 卷第 6 期。

② 姚小涛、席酉民：《企业联盟中的知识获取机制：基于高层管理人员个人社会关系资源的理论分析框架》，《科学学与科学技术管理》2008 年第 6 期。

这种基于个人关系资源的信任对正式契约起到了很好的补充作用。

3．建立多样化的沟通渠道

在海水养殖业技术创新联盟运行过程中，成员之间很可能会就某些合作事项产生分歧甚至是矛盾，这些分歧和矛盾得不到妥善解决和疏导，长此以往，势必会影响联盟成员合作创新活动的开展。为了及时解决争议、统一各成员的意见，有效的沟通是必不可少的。有效的沟通能够提高盟员各自行为和策略的透明度，减少成员之间信息不对称的程度，增进成员之间的相互理解和信任，增强成员的凝聚力和向心力，有助于联盟统一文化的培育。①

海水养殖业技术创新联盟信息沟通方式多样，一方面，可以通过面对面的会议、报告、论坛、沙龙等方式，增进联盟内工作人员的交流。另一方面，可以充分利用网络信息技术来构建信息沟通平台。对于成员个数较多、空间距离较远的海水养殖业技术创新联盟来说，后一种方式的沟通成本更低。海水养殖业技术创新联盟信息沟通平台的组织、建设与维护可以交由联盟组织体系中承担服务交流任务的合作交流室负责。联盟信息沟通平台主要分为项目合作交流和日常交流两大板块。

第一板块是项目合作交流板块。由于项目合作是海水养殖业技术创新联盟最重要的知识流动机制，因此该板块是联盟信息沟通平台中最重要的功能之一。该板块主要为联盟中项目合作团队的信息交流提供平台。以“典型海湾生境与重要经济生物资源修复技术集成及示范”项目为例，该项目研究团队就专门设立了项目专题网站——海洋公益性行业科研专项项目网站②，贯彻“从公益中来，到公益中去”的方针，为项目的合作研究搭建了有效的信息发布与互动交流平台。同时，借助项目网站开设论坛——“问海人论坛”③，为项目研究团队的成员、联盟内产学研各方，以及项目管理方（国家及地方海洋科技主管部门）、项目专家委员会等发表想法、提出意见或建议、分享本项目研究的相关信

① 廖世龙、易树平、熊世权：《动态联盟知识管理研究综述》，《情报杂志》2010年第29卷第6期。

② http：//159. 226. 158. 65：801/index. htm.

③ http：//www. meercas. com/bbs/.

息提供平台。此外，还可以举办各类主题报告、专家报告、青年论坛及其他形式的会议，鼓励研究团队成员尤其是年轻人相互积极交流，努力挖掘创新思想，促进知识在海水养殖业技术创新联盟内各个层面的转化和流动。项目合作交流板块不仅是项目内合作交流的平台，还需要注重项目间的交流与整合。联盟内的项目来源主要有三类，联盟内可能同时开展国家或地方政府委托项目、联盟成员合作研究项目以及联盟外委托项目等多个研究项目。这些项目都是依赖于海水养殖业技术创新联盟内的科研机构、研究性大学的研究专长以及养殖企业的技术能力，因此，在研究内容、研究方法，以及示范推广基础设施方面具有一定的相通性和交叉性。因此，项目间的交流和整合有利于各个研究团队扩展思路、取长补短、共同提高。

第二板块是日常交流板块。该板块主要为成员进行除项目合作之外的其他日常信息交流提供平台。交流内容可能涉及养殖科技信息、养殖市场行情、组织管理经验、联盟管理的意见、建议及其他相关问题探讨和交流等。对于上述内容的交流可以借助网络平台进行，也可以组织联盟内产学研各方工作人员通过实地考察、面对面沟通、技术培训等方式来进行。

第二节　海水养殖业技术创新联盟组织体系构建

一　海水养殖业技术创新联盟的目标和任务

（一）海水养殖业技术创新联盟总体目标

根据科技部等六部门联合发布的《关于推动产业技术创新战略联盟构建的指导意见》（以下简称《指导意见》）[①] 以及《关于推动产业技术创新战略联盟构建与发展的实施办法（试行）》（以下简称《实施办法》）[②]，海水养殖业技术创新联盟构建与发展的总体目标是以中国海水养殖业发展需求为基础，围绕中国海水养殖业可持续发展中的重大科学技术问题，通过

① 国科发政〔2008〕770号。

② 国科发政〔2009〕648号。

建立以养殖企业为主体、市场为导向、产学研紧密结合的技术创新体系，促进中国海水养殖业关键共性技术的研究开发和集成示范，带动整个海水养殖产业的技术创新能力的提升，构建起渔业核心竞争力。

为了推动中国海水养殖产业的健康、高效、可持续发展，必须优化和提升海水养殖动植物良种培育及苗种繁育技术、陆基和浅海工程化养殖设施设备与装备技术、生态高效养殖技术、水产品质量安全保障技术，并不断强化平台建设和产业化基地建设，提升产业装备现代化水平，完善和规范标准化生产体系（见表6－1）。根据海水养殖业的技术研发特点，海水养殖业技术创新联盟的技术创新总体目标包括两方面：（1）关键共性技术研究开发目标。关键共性技术研究开发旨在重点突破关键共性技术，开展关键共性技术的自主创新和集成创新，为促进传统海水养殖业向现代海水养殖业升级、实现海水养殖业可持续发展提供创新技术支撑。（2）技术集成与产业化示范目标。技术集成与示范旨在开展优化产业模式的现代化生产技术集成与示范，在提升海水养殖业技术水平和产品竞争力方面发挥着主导作用。

表6－1　　**海水养殖业技术创新联盟技术创新任务一览表**

类别	核心任务	目标
种子工程	建设鱼类、甲壳类、藻类、贝类、棘皮类良种体系	培育和利用优质、高产、抗逆海水养殖新品种，全面提高良种覆盖率和增产效益
海水养殖技术	建设滩涂贝类与大型藻类混养的生态养殖模式与技术体系； 浅海多营养层次综合养殖技术体系； 滨海滩涂养殖池塘水质调控与生态修复技术以及高效减排养殖模式和技术体系； 工厂化精准养殖控制技术体系、重要经济种类的新型高效养殖技术； 环境友好型多营养层次的池塘与工程化综合生态养殖技术体系； 开放海域海珍品增养殖技术体系	优化浅海滩涂、池塘养殖结构与布局，降低养殖自身污染和生产成本，提高养殖效益，保障养殖产品安全；发挥现代渔业工程技术与装备的优势，创新集成海水工程化养殖技术，建立具有自主知识产权和国际先进水平的高效、节水、节能、减排的精准现代海水养殖新模式与技术体系
养殖生物安保	建立重要养殖种类品质的营养调控技术及水产品质量安全隐患风险评估与控制技术； 构建水产养殖动物饲料品质控制技术； 建立规模化高密度繁育技术体系； 渔用药物及安全应用	提高海水养殖品种的安全性，降低养殖生产过程中的环境风险

（二）海水养殖业技术创新联盟主要任务

根据《指导意见》和《实施办法》，联盟的主要任务是组织企业、大学和科研机构等围绕产业技术创新的关键问题，开展技术合作，突破产业发展的核心技术，形成重要的产业技术标准；建立公共技术平台，实现创新资源的有效分工与合理衔接，实行知识产权共享；实施技术转移，加速科技成果的商业化运用，提升产业整体竞争力；联合培养人才，加强人员的交流互动，为产业持续创新提供人才支撑。依据第四章第二节中对中国海水养殖业技术创新联盟知识流动机制的论述，并结合中国海水养殖业技术创新联盟发展的实际情况，中国海水养殖业技术创新联盟的主要任务应包括以下三个方面：

（1）承接研究开发项目。项目合作是海水养殖业技术创新联盟成员之间知识流动的主要方式。联盟主要承接三方面的项目委托任务。一是国家和地方各级政府安排的各类科学研究和技术开发计划，这是海水养殖业技术创新联盟的主要项目来源。二是联盟成员之间合作开展的技术研发项目。三是由联盟内成员或联盟外的科研机构、高校、企业或者从业人员委托的研究项目。以联盟为平台承接各类委托项目，能够有效组织联盟内产学研各方围绕养殖技术创新的关键问题开展技术合作，突破海水养殖业发展的核心技术，并形成一系列的国家标准和行业标准。

（2）人才培养。目前，渔业创新投入不足，创新人才缺乏，整个行业的科技创新进程缓慢。尤其是基础研究和应用基础研究薄弱，原创性成果不多，致使渔业高新技术研究明显滞后，科技成果储备及有效供给明显不足，许多制约渔业发展的关键技术问题长期得不到解决。因此，培养创新型和实用型人才已成为当务之急。依托联盟内产学研各方共建的院士工作站、博士后工作站、教学研究基地等平台，借助委托培养、合作研究、联合承担项目、组织国内外访问考察等方式，培养高水平、高层次的技术研发人员。

（3）技术咨询、技术推广与人员培训。海水养殖业是一个具有社会公益属性的行业，而联盟作为整个产业的“知识高地”，一方面有能力为其他行业主体解决生产实践中的技术难题，另一方面有责任将其最新的知识创新成果在整个行业主体中进行推广；在此过程中，必然伴随着对咨询对象或推广对象相关人员进行知识和技术方面的培训。联盟开展的技术咨询与推广活动包括：为养殖企业和养殖户提供水产良种及育苗、养殖技术指导；以信函、电话、传真、电子邮件等形式进行咨询服务；借助培训班、现场指导等形式为基层企业培训渔业工程技术人员以及培训渔民科技示范户。

二　海水养殖业技术创新联盟外部组织体系

海水养殖业技术创新联盟的外部组织体系是指为了推动海水养殖业技术创新联盟的构建与发展，国家行政主管部门、地方政府职能部门所发挥的职责及其相互关系。根据《关于推动产业技术创新战略联盟构建与发展的实施办法（试行）》①，并结合中国渔业科技创新发展现状，现将中国海水养殖业技术创新联盟的外部组织体系分为三部分（见图6－5）。

第一部分，试点联盟的审核与遴选。该项工作旨在优先扶持一批海水养殖业技术创新联盟，积极探索海水养殖业技术创新联盟运行及发展的新机制和新模式，为更多联盟的建立和发展积累经验。联盟试点工作由国家推进产学研结合工作协调指导小组负责组织和推动。海水养殖业技术创新联盟成立后可自愿申请参加试点。申请试点的联盟，向科技部相关司局提出审核申请；在科技部技术创新工程协调领导小组的指导下，综合司局与专业司局分工合作，分别负责对联盟组建的必要性和技术性以及联盟的组织形式进行审核；根据审核结果，最终由科技部技术创新工程协调领导小组办公室确认符合条件的联盟，并将确认的联盟名单向国家推进产学研结合工作协调指导小组办公室通报。

第二部分，试点联盟的支持与监管。科技部是海水养殖业技术创新联盟的宏观管理部门，统筹联盟的建设与管理工作；省、地（市）、县三级科技行政管理部门具体指导联盟的运行与管理，组织实施当地海水养殖业技术创新联盟的建设工作。经科技部审核并开展试点的海水养殖业技术创新联盟，可作为项目组织单位参与重大专项、国家科技支撑计划、“863”计划等国家科技计划项目的组织实施；也可以参与地方重大

① 国科发政〔2009〕648号。

技术创新项目的组织和实施。科技部、省、地（市）、县三级科技行政管理部门组织或委托第三方科技监督评估机构对联盟执行项目进行监督检查，与联盟内部的监督管理机构一起构成了联盟的监督与评估机制。

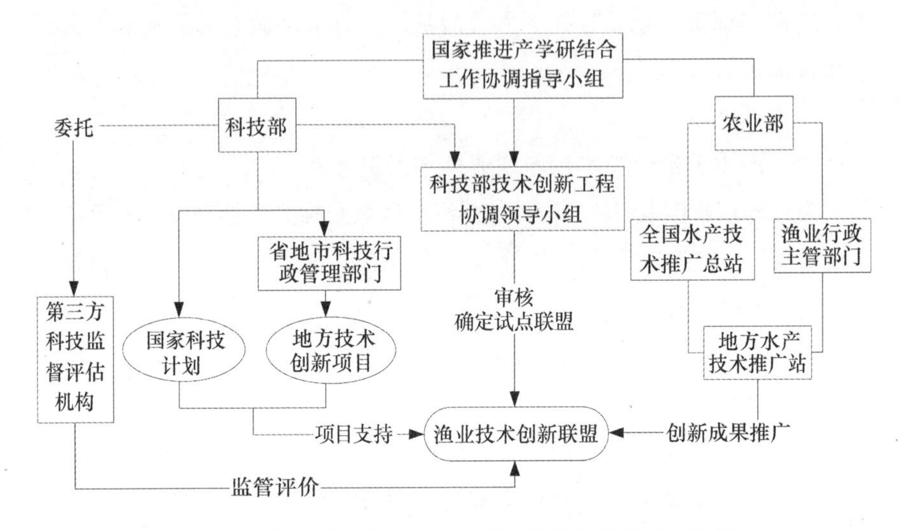

图 6－5　海水养殖业技术创新联盟外部组织体系示意图

第三部分，联盟创新成果的推广。海水养殖业技术创新联盟作为整个渔业的知识高地和创新引擎，其创新成果的推广是体现渔业的社会公益属性、提升联盟创新绩效的重要一环。而创新成果的推广除了要依靠联盟自身组织体系中的相关机构之外，整合中国现有的水产技术推广系统的相关资源将会起到事半功倍的效果。农业部下属的全国水产技术推广总站负责组织实施有关国家重点科技成果和先进技术的示范推广；而省、地（市）、县三级渔业行政主管部门所属的地方水产技术推广站协同全国水产技术推广总站负责做好当地养殖企业、广大养殖户的技术传播、技术支撑、技术服务工作。

三　海水养殖业技术创新联盟内部组织体系

（一）海水养殖业技术创新联盟内部组织机构设计

海水养殖业技术创新联盟组织管理机构设计应围绕联盟的总体目标和主要任务来展开。具体来说，联盟组织管理机构设计应考虑的影响因素如下：（1）围绕以联盟为平台承接各类研究开发项目而展开的各项工作，包括整合联盟内的优势研发资源进行项目的申报、立项后的项目管理、项目研究与开发、项目验收等工作。（2）围绕联盟知识创新成果的推广应用示范而展开的各项工作，包括联盟实验基地的建设管理和使用、联盟产业化示范基地的建设管理和使用、联盟知识产权管理。（3）围绕联盟技术创新平台建设而展开的各项工作，包括联盟内创新型人才培养、联盟内信息与技术共享、联盟成员创新资源的共享等。（4）综合管理工作，包括联盟的经费管理、人事管理及行政管理等。

海水养殖业技术创新联盟组织管理机构设计应遵循整合创新资源、提升创新能力、促进成果转化的宗旨。组织机构设计应采用扁平化结构，力求精简高效。按照因事设职的组织设计原则，联盟设立理事会、专家委员会和秘书处。联盟理事会是联盟的最高权力机构，专家技术委员会是联盟理事会的咨询机构，秘书处是联盟理事会的常设执行机构。海水养殖业技术创新联盟组织机构及职责示意图如图6－6所示。

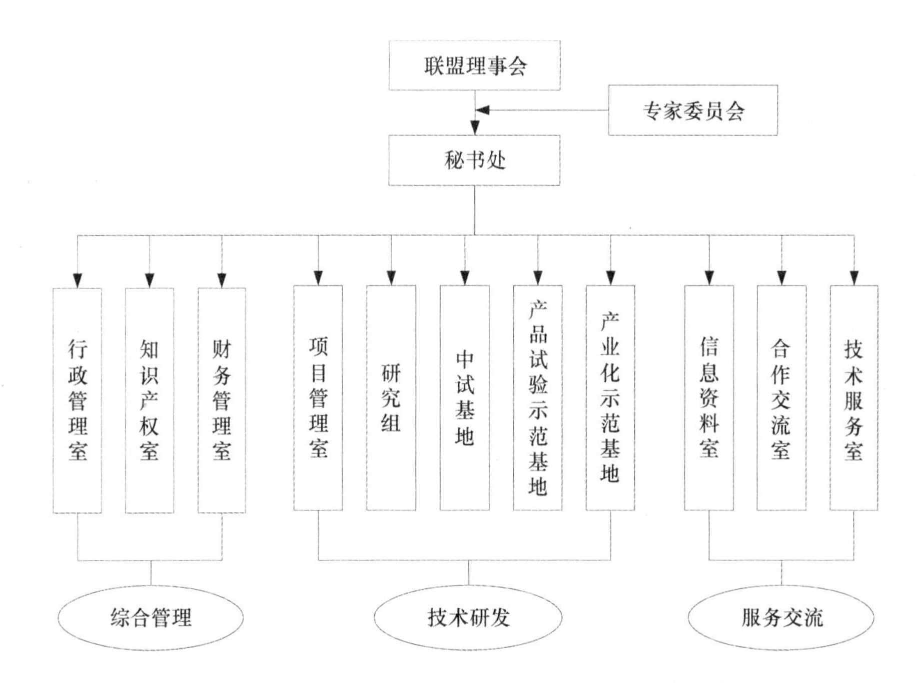

图6－6　海水养殖业技术创新联盟组织机构及职责示意图

（二）联盟组织机构各部门职责及相互关系

1. 联盟理事会

联盟理事会为联盟最高权力机构，由科技部门委派的代表、联盟成员单位的法定代表人或其委派的代表组成，设理事长一名。理事长由理事会成员轮流担任。首任理事长由联盟发起组织单位的法定代表人担任，副理事长若干名，其余理事由联盟其他成员组织派出的人员组成。

通过对现代海水养殖产业技术创新战略联盟的实地调研，并结合联盟的主要目标和任务特点，联盟理事会的主要职责为：（1）决定联盟运行方针和机制，制定和修改联盟协议；（2）批准和取消联盟成员资格；（3）选举、任命和罢免联盟理事长、秘书长，遴选和聘任专家委员会主任、副主任和委员；（4）审议和批准专家委员会、秘书处工作报告；（5）根据专家委员会的建议，决定联盟技术发展方向与重点工作任务，协调资金筹措、使用、成果转化及受益分配方案等联盟重大决策事宜；（6）审议、批准和修改联盟内部管理制度；（7）决定联盟组织的变更和终止；（8）决定秘书处机构的设立或撤销；（9）审议财务预决算报告；（10）讨论和决定其他重大事宜。

2. 联盟专家委员会

专家委员会由理事会聘任产生，由行业内知名的工程技术专家、企业家、经济专家、政策研究专家等组成。设主任一名，副主任及委员若干名。

专家委员会主要职责为：（1）为理事会的决策提供咨询、建议、意见；（2）对联盟的发展规划、技术的研发和试验示范方案等重大技术和研发问题进行咨询、建议和评价；（3）参加项目立项的论证、评审、验收，并提出建议和咨询意见。

3. 联盟秘书处

秘书处是理事会常设的执行机构，直接受理事长领导，负责联盟日常事务和项目的协调、管理工作。秘书处设秘书长一名，副秘书长三名，办事人员若干名，实行秘书长负责制。秘书长、副秘书长经理事会选举，由理事长聘任。秘书处工作人员由秘书长聘任。

由于秘书处的工作职责包括协调海水养殖产学研各方参与项目研发

活动，需要协调具有竞争关系的龙头企业参与合作并支持联盟各项工作，因此，秘书长必须由那些具有成熟的大型项目管理经验、丰富的社会资本、卓越的组织协调能力同时又居于中立地位的人来担任。借鉴日本技术研究组合①中该职位由日本通产省出身的离职官员担任的做法，海水养殖业技术创新联盟秘书处秘书长一职应由联盟的宏观管理部门官员或者渔业协会主要领导来担任。秘书处的主要职责为：

（1）联盟事务的综合管理工作

下设行政管理室、知识产权室、财务管理室。工作内容包括：执行理事会决议，负责组织、管理、协调联盟的各项工作；联盟经费的财务管理，编制年度财务预算、决算方案；联盟的知识产权管理工作；理事会的筹备和召开，向理事会作“年度工作报告”、“财务报告”；联盟成员加入与退出的审理；理事会交办的其他事项。

（2）联盟的技术研发工作

下设项目管理室、研究组、中试基地、产品试验示范基地和产业化示范基地。技术研发工作是联盟的核心业务。由于当前海水养殖业技术创新联盟内的研发工作主要以项目为导向，因此为了保障技术研发工作的顺利开展，必须做好联盟的项目管理工作。项目管理室与研究组协同工作，共同推进以项目为导向的研发工作的开展和实施。

项目管理室的工作内容包括：①根据专家委员会提出的联盟发展方向，结合研究组报告的最新技术进展，制订联盟的研发项目规划并拟定具体的研发项目，报理事会批准；②经专家委员会评审和理事会批准同意后，负责从联盟成员中选拔和组织相关研究人员进入研究组，并向有关部门申报政府支持的科技研发计划项目；③组织联盟有关成员在签订具体的项目协议，负责具体项目协议的执行检查、协调，根据国家的有关管理办法或具体协议约定组织项目验收；④对具体项目的知识产权、成果等事项进行备案，并向理事会报告。项目管理室负责人应该由秘书处专职人员担任。根据上述工作内容，应该聘任中国知名科研机构（如中科院海洋所、水科院黄海所等）的负责

---

① 周程：《日本官产学合作的技术创新联盟案例研究》，《中国软科学》2008 年第 2 期。

人担任项目管理室负责人一职。因为这些知名科研机构的负责人一般都拥有主持或参与大型科研项目的经历，对该领域众多养殖企业的技术专长、企业拥有技术人才的情况相当熟悉，对本领域的研究动向也了如指掌。因此，由联盟聘任这样的人进入秘书处工作并负责联盟的项目管理工作十分必要。

研究组主要负责研究开发工作，其设置种类、名称和数量取决于联盟的成立宗旨、项目申请的需要以及项目研究内容。需要指出的是，合作研究组的研究人员不是固定不变的，而是根据项目研究的实际需要，从联盟成员中选拔素质较高的研究人员进入研究组参与研发工作，实行动态化管理。

中试基地、产品试验示范基地、产业化示范基地负责合作研究技术成果的中试生产、技术（产品）的试验示范。

（3）联盟对外服务与交流

下设信息资料室、合作交流室和技术服务室（见表6－2）。

信息资料室负责联盟知识成果信息的整理、汇总和备案，参与联盟技术研发工作人员的档案管理。目的在于提升整个联盟的知识管理水平，促进联盟内个人知识、组织知识、团队知识向联盟知识的转化。

合作交流室主要负责：①联盟内各成员组织所拥有的创新资源的开发、共享与管理，包括联盟成员所拥有的产业化示范基地、产品试验基地、实验室资源、工程技术中心的相关资源等；联盟内创新平台的建设与管理，包括联合实验室、院士工作站、博士后工作站、教学研究基地等平台的建设与管理；②策划和组织联盟参与国际、国内学术交流和合作；③外部专家聘任；④信息平台建设；⑤对外宣传等工作。总之，合作交流室的职责有助于构建联盟通向外部知识源的知识获取渠道，实现联盟开放式发展。

技术服务室主要负责：①利用联盟的人才优势和技术优势，为同行业培训高素质的工程技术人员、产品应用技术人员。②受理联盟成员或联盟外行业主体的委托咨询事宜。若联盟外行业主体需要咨询相关技术信息，则由该科按照联盟知识产权管理办法给予办理。若联盟外行业主体需要委托联盟进行项目研发，则将其移交给项目管理室，由其负责组织相关研究人员进行项目研发。③负责新技术向联盟内成员和联盟外行业主体的推广应用等工作，是联盟知识创新成果向行业扩散的主要通道；开展推广工作需要整合地方渔业技术推广机构的相关资源；其推广工作要遵守联盟知识产权管理办法的相关规定。

表6－2　　**相关部门工作职责及其对联盟知识流动的促进作用**

部门设置	工作职责	发挥作用
信息资料室	● 联盟知识成果信息的整理、汇总和备案 ● 联盟技术研发工作人员的档案管理	提升联盟知识管理水平，促进联盟内各层次知识之间的转化
合作交流室	● 联盟创新资源的开发、共享与管理 ● 联盟内创新平台、信息平台的建设与管理 ● 策划和组织联盟参与国内外学术交流和合作 ● 外部专家聘任 ● 对外宣传	有助于构建联盟通向外部知识源的知识获取渠道，实现联盟开放式发展
技术服务室	● 为同行业培训高素质的工程技术人员、产品应用技术人员 ● 受理联盟成员或联盟外行业主体的委托咨询事宜 ● 负责新技术向联盟内成员和联盟外行业主体的推广应用	有助于构建联盟知识创新成果向全行业推广的扩散通道，发挥联盟的“知识高地”和技术引领作用

4. 联盟技术研发项目组织模式

由上述分析可知，技术研发工作是海水养殖业技术创新联盟的核心任务。对于传统的产学研合作研究，一般采用“项目层层分解、分别开展项目研究、项目成果汇总”的方式；该方式虽然能够避免重复研究，但研究力量仍旧是分散的，研究人员、不同学科之间难以实现知识交叉和整合，也就很难做到知识创新。

为了有效整合海水养殖业技术创新联盟内各盟员的创新资源，真正将联盟内产学研各方以及具有竞争关系的企业各方的研究力量凝聚起来形成合力，设计一种科学有效的合作研究项目组织模式非常关键。以现代海水养殖产业技术创新战略联盟为例，该联盟重点开展海水养殖与海产品加工共性技术和关键技术及产品的联合研发，主要包括：海水养殖生物遗传育种及良种繁育技术研发、养殖容量和养殖水域环境承载力评估技术研发、养殖污染控制与生态修复技术研发、浅海生态高效增养殖技术研发、工程化集约养殖生产体系构建技术研发、海产品精深加工与高效利用技术研发、海产品质量安全监控技术研发。对于这类海水养殖业关键共性技术的研究与示范，技术研发和产业示范的衔接至关重要；因此，研究内容通常会包括两部分：一是关键共性技术的研究，二是技术的集成与示范。笔者认为，应针对该行业的技术特点，相应地成立合作研究组和独立研究组，共同完成联盟内的技术研发任务（见图6－7）。

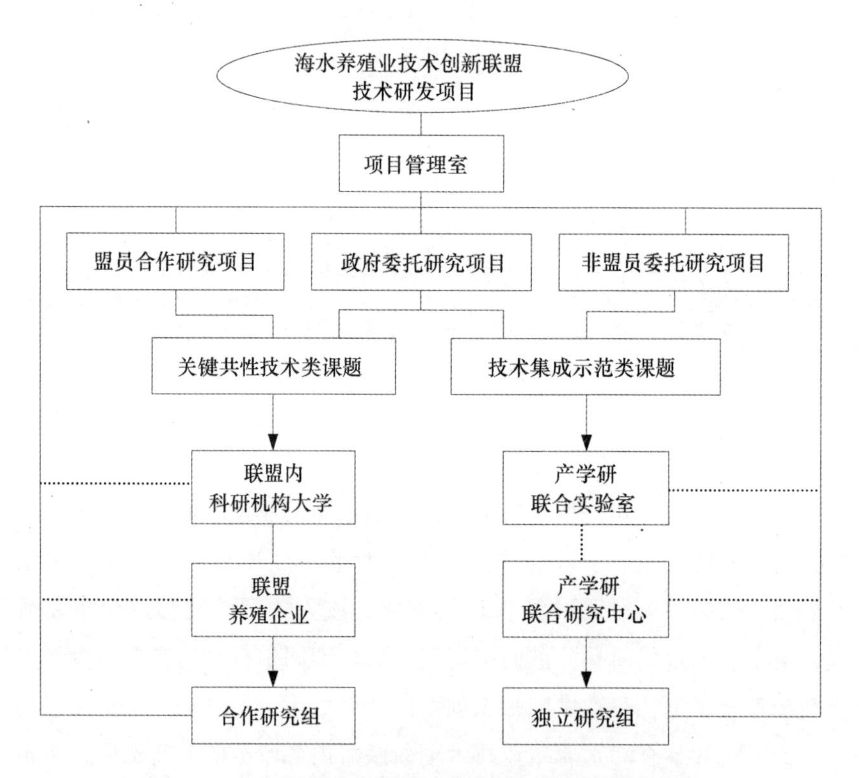

图6－7　海水养殖业技术创新联盟技术研发项目组织模式

一类是合作研究组。在人员构成上，其研究人员来源于海水养殖业技术创新联盟内产学研各方。联盟内企业在向合作研究组委派研究人员时，由于会担心自身所拥有的知识溢出和技术外流到其他合作企业从而导致本企业失去技术优势，因此不会将本企业最优秀的技术骨干推荐到合作研究组参与合作研究。因此对于合作研究组研究人员的选拔，可行的办法是由对各盟员企业技术人才状况比较熟悉的项目管理室负责人提出推荐人员名单，并由科技部门出面协调，确定参与课题研究的最终人选。在研究分工方面，合作研究组主要负责关键共性技术研究。一方面，由于关键共性技术是所有涉渔企业进行其他技术开发的基础，具有共同的研发利益，并且单个涉渔企业难以承担高额的研究费用，因此，盟员会积极参与合作研究组；但另一方面，由于养殖企业之间存在竞争关系，如果合作研究组的课题研究由某一养殖企业主持的话，其他养殖企业势必会担心自己所拥有的知识和技术转移到竞争对手那里。因此，对于合作研究组，应由组内的科研机构或大学来主持开展课题研究，企业在课题研究中发挥应用示范作用。在合作研究过程中，联盟内产学研各方会频繁地互动并经常面对面地交流，非常有利于知识特别是隐性知识的融合，进而在知识流动中实现知识创新。

另一类是独立研究组。独立研究组主要是指那些在海水养殖业技术创新联盟成立之前就已经建立并运行良好的产学研合作研究组织，比如中科院海洋所与大连獐子岛共建的海洋生态养殖联合实验室、中科院烟台海岸带研究所与山东东方海洋科技股份有限公司共建的海岸带生物资源利用技术中心等。在人员构成上，显然是由产学研合作各方的研究人员组成，但研究课题应由独立研究组内的养殖企业主持，组内的科研机构或大学发挥技术支撑作用，实现关键技术的标准化与规范化。之所以将这类产学研联合研究组织吸纳进来作为海水养殖业技术创新联盟技术研发组织的一部分，是因为：首先，它们在同行业中有着非常明显的技术优势，有能力承担联盟中的技术集成示范研究；其次，与关键共性技术这类竞争前技术不同，技术集成及示范课题对于联盟内养殖企业并不具有普遍的研发利益，这些养殖企业也就不可能有动力参与到与自己利益相关度不高的课题研究中去。因此，这类技术的研究工作不可能交由上述由广泛盟员参与的合作研究组来承担；而由某一养殖企业主导的独立研究组的技术优势和组织特点无疑非常适合承担这类集成示范类课题。实践当中，现代海水养殖产业技术创新战略联盟组织申报的“十二五”国家支撑计划项目“海水养殖与滩涂高效开发技术研究与示范”的子课题分解情况印证了笔者的上述观点（见表6－3）。

表6－3　“十二五”国家支撑计划项目“海水养殖与滩涂高效开发技术研究与示范”课题分解情况

承担主体	课题任务
山东海阳市黄海水产有限公司	黄渤海区鱼类工厂化健康养殖技术集成与示范
寻山集团有限公司	黄渤海区典型海湾复合养殖技术集成与示范
大连獐子岛渔业集团股份有限公司	黄渤海区海珍品底播增养殖技术集成与示范

综上所述，海水养殖业技术创新联盟技术研发项目组织模式能够发挥出以下重要作用：第一，兼顾了渔业行业属性和渔业研究项目的技术特点，具有现实可行性。围绕海水养殖业技术创新联盟内主要的项目形式，针对关键共性技术类课题和技术集成与示范类课题的特点和需要，分别采用合作研究和独立研究的项目研究方式，既能发挥联盟内产学研各方的核心能力，又能满足联盟内产学研各方及联盟外行业主体的技术发展需求。第二，摒弃了“项目分解、项目研究、项目汇总”的产学研合作项目研发的传统思路，以项目为驱动，促进联盟内产学研各方借助频繁互动促进知识流动，并在流动中实现知识创新，真正凸显了在联盟背景下整合联盟盟员各方的创新资源进行合作创新的优势。

（三）海水养殖业技术创新联盟组织体系运行

海水养殖业技术创新联盟应由发起人发起，经由国家科技部或省科技厅等部门批准设立。

1. 理事会领导下的秘书长负责制

海水养殖业技术创新联盟实行理事会领导下的秘书长负责制。理事会拥有对海水养殖业技术创新联盟事务管理的最终决定权。秘书长经理事会选举，由理事长聘任。首任秘书长由联盟发起组织单位派员担任。对秘书长遴选，除了衡量其学术水平外，还要衡量其组织协调能力、发现新研究方向的能力、社会活动和吸引资金的能力等。秘书长全面负责联盟的日常运行和管理工作，包括联盟事务的综合管理、联盟的技术研发、联盟对外服务与交流等。

2．联盟的经费管理

（1）联盟经费的来源及用途

联盟经费来源于各级政府财政资助、联盟成员投入、联盟外行业主体委托研发资金、捐赠资金和技术成果转让收益。其中，联盟成员对联盟技术创新活动资金的投入需经联盟成员共同约定，由理事会和专家委员会根据联盟创新活动需要确定经费投入总额和各成员单位分担比例；承担国家和地方政府科技计划项目需要的配套资金，由承担项目的成员单位协商分担。

联盟经费主要用于联盟开展技术创新和产业化开发活动及日常公用办公。公用办公费用由联盟成员协商缴纳，原则上企业多缴，大学、科研院所少缴或免缴。理事会、秘书处成员费用由所在单位承担。项目研发经费以联盟成员投入为主，以争取政府支持资金、社会募集资金、银行贷款等为辅。

（2）联盟经费的管理和使用

联盟经费由理事会委托理事长单位设立单独账户进行管理，专款专用，实行独立的财务预算决算管理，建立严格的经费管理制度。联盟经费使用接受理事会的监督和盟员共同认可的第三方的审计。政府资助资金严格执行国家和地方有关经费管理使用规定，接受理事会确认的会计师事务所审计，并报理事会审查。联盟的合法财产受国家法律保护，任何组织和个人不得侵占、私分和挪用。

公用办公经费委托理事长单位负责管理，支出须经理事长批准。项目研发经费实行课题制管理，承担任务的联盟成员单位，按照课题任务书实行全面预算、过程控制和单独核算。项目负责人对具体项目经费的使用做出安排，每年以财务报告形式报秘书处财务管理室备案，接受理事会审查和第三方审计。

3．联盟的项目管理

（1）项目来源。联盟项目主要来源于国家和地方各级政府安排的各类科学研究和技术开发计划，联盟成员之间合作或独立开展的技术研发项目，以及联盟外行业主体的委托研究项目。

（2）项目申请和立项。根据国家和地方产业政策、科技发展规划及产业需求，由秘书处项目管理室负责征集项目建议，经由专家委员会论证、理事会同意后，由联盟秘书处项目管理室组织向国家或地方相关部门提出申请；联盟与外部企业的委托支持或联盟成员间产学研合作项目，由联盟以择优或招标形式确定合作方。

（3）项目实施。项目实施由联盟秘书处项目管理室组织项目承担单位签订协议或合同。项目实施实行课题制，负责人按计划进度定期向专家委员会和理事会汇报，专家委员会负责项目实施的评估和监管。承担的国家和地方政府的计划项目严格执行相应计划项目管理办法，并制定配套管理办法。

（4）项目验收。实施的各级各类计划项目严格按照相关管理办法和协议、合同约定的方式进行验收。联盟理事长单位对项目实施负总责，并对科技计划管理部门负责。联盟内部建立责任分担机制，理事长单位据此向课题承担单位追究相应责任。

4. 联盟的人事管理

从图 6－6 可以看出，联盟的组织管理机构主要由两部分组成。一部分是承担联盟事务管理及运营的各个职能部门，包括理事会、秘书处及下设职能科室。另一部分则是承担联盟技术创新研发任务的研究组。理事会成员由联盟成员单位的法定代表人或其委派的代表组成。专家委员会由行业内知名的工程技术专家、企业家、经济专家、政策研究专家等组成，其主要来自联盟盟员，也可能来自联盟外的其他机构。秘书处秘书长、副秘书长经理事会选举，由理事长聘任。秘书处工作人员由秘书长聘任。首任秘书长由联盟发起组织单位派员担任，副秘书长由首届理事会第一次会议推荐产生。由于联盟的运营管理主要由秘书处工作人员依据各个科室的职能负责完成，因此，应面向联盟内外择优聘任德才兼备的优秀管理人才，由他们组成秘书处及职能科室的固定工作人员。保持秘书处及职能科室工作人员的相对稳定，有利于提高海水养殖业技术创新联盟的管理水平和工作效率。而研究组的研究人员一般是由参与项目研究的盟员委派研究人员和技术人员进入研究组，项目一旦完成，研究团队即告解散，这些研究人员和技术人员仍旧回到自己所隶属的组织。为了加强联盟内管理岗位工作人员和技术岗位的研发人员等各类人才的培养和激励，一方面对于管理岗位的工作人员，应加强绩效考核，实行目标化管理；另一方面对于参与联盟技术研发的人员则需要制定合理的利益分配协议，有效激励研究组的研发人员能够在技术研发、技术示范与推广、技术咨询和技术培训等方面积极开展工作。

5. 联盟资源的开放共享

海水养殖业技术创新联盟资源的开放共享主要包括：一是按照联盟资源使用管理办法，将联盟内中试基地、产品试验示范基地、产业化示范基地等科学研究设施和仪器设备等创新资源向联盟外的行业主体开放，提高创新资源的使用效率和社会效益。二是统筹规划联盟的各类研发任务（包括联盟自身的研究计划任务和被委托的研究任务），设立开放合作基金和开放课题，定期向国内外公开发布合作研究课题指南，建立合作研究关系①；这样一方面可以在更广的范围内有效整合渔业创新资源、提高项目研发效率，另一方面在建立合作研究关系的过程中，会有助于发现那些具有较强的创新能力的合作伙伴，并吸纳这样的合作伙伴进入海水养殖业技术创新联盟，为联盟成员的流动式管理提供决策依据。总之，联盟资源的开放共享特别有利于发挥海水养殖业技术创新联盟在行业内的辐射作用。

6. 联盟创新绩效的评估

联盟创新绩效的评估内容主要是围绕联盟创新目标的完成情况、联盟内研发资源的配置和使用效率、联盟创新成果的转化和推广情况等开展的评估。之所以要对联盟创新绩效进行评估，一是为了激发联盟内研发人员创新活力，提高研发团队的研发质量和效率，提高联盟整体的运行质量和效益；二是有助于政府用于支持联盟发展的财政拨款的合理配置，促进各个海水养殖业技术创新联盟之间的良性竞争；三是为联盟的政府主管部门为推动联盟发展制定有效政策提供科学依据。对联盟创新绩效的评估可以采用自评与他评相结合的方式。其中，自评可以由联盟

---

① 周岱、刘红玉、赵加强等：《国家实验室的管理体制和运行机制分析与建构》，《科研管理》2008 年第 29 卷第 2 期。

内的专家委员会来负责；他评则由海水养殖业技术创新联盟主管部门组织或委托的第三方科技监督评估机构负责（见图6－5），该机构应制定海水养殖业技术创新联盟绩效评估指标体系。

7. 联盟的运营模式

联盟运营主要由技术研究、技术开发和技术服务三个环节组成，联盟的运营模式如图6－8所示。其中，双箭头线条代表联盟内的信息流动路径，单箭头线条代表联盟内的资金流动路径。

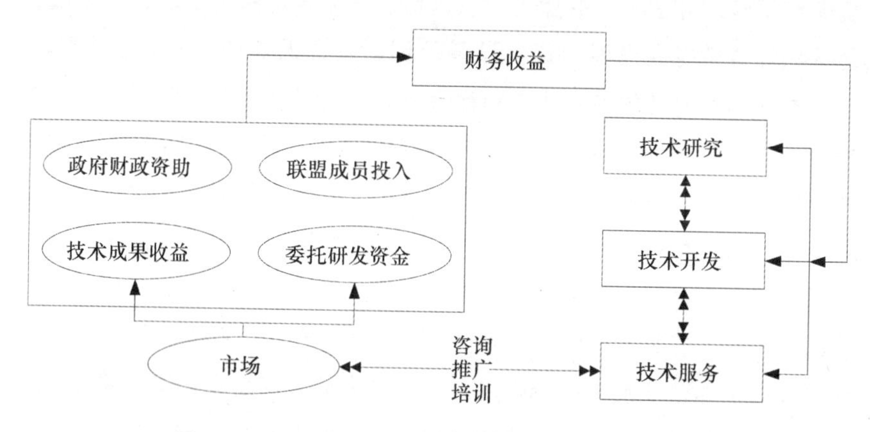

图6－8 海水养殖业技术创新联盟运营模式示意图

技术研究环节是指由合作研究组负责相关工程技术及新产品的合作研究。技术开发环节是指将合作研究组的研究成果进行中试或示范，形成能够大范围推广的成熟的技术和产品。技术服务环节是指借助技术服务室等相关部门围绕联盟技术创新成果向联盟盟员以及联盟外的行业主体或个人进行的技术咨询、推广及培训。因此，技术研究、技术开发与技术服务三个部分环环相扣，联系紧密，它们之间进行着双向的信息交换。而技术服务环节相当于联盟的市场部门，负责收集用户反馈的市场信息、技术信息，并及时反馈给技术研发部门，以利于技术的进一步完善和创新，或根据用户的直接委托，进行技术开发。因此，技术服务环节与市场之间的信息交换也是双向的。

技术服务相关部门在向市场[①]提供了包括技术咨询、技术推广、技术培训等服务之后，依据联盟的知识产权使用管理办法，会从市场获得一定的技术成果收益，也可能会获得委托项目的研发资金；这两部分资金来源，连同政府财政资助和联盟成员投入，共同形成了联盟的财务收益。财务收益被用于下一轮的技术研发、技术服务工作。周而复始，逐步推进联盟内的各项工作，并有效发挥海水养殖业技术创新联盟在行业中的“知识高地”优势和技术引领作用。

① 这里的市场主体包括联盟盟员或者联盟外涉渔企业、涉渔科研机构、涉渔高等院校、渔户等。

第七章

海水养殖业技术创新联盟知识有效流动的对策建议

第一节 提升学研方及科技中介机构的知识生产扩散能力

一 水产科研机构和大学

（一）应注重应用导向性基础研究。一直以来，基础研究和应用研究是中国水产科研机构和大学的主导科学研究模式。基础研究是科技创新的源泉，由于具有公共性的特点，所以是科研机构和大学的重要职能之一。而由于海水养殖企业薄弱的技术研发能力，导致了应用研究也成为中国水产科研机构和大学的主要研究模式。单纯的基础研究或者应用研究都会影响水产科研机构和大学对养殖业发展的持续的技术支撑能力，而应用导向性基础研究由于紧密结合海水养殖业产业发展需求积极开展相关基础研究，在此过程中能创造大量的新知识，因此，该科研模式将成为海水养殖业技术创新的重要突破口。应用导向性基础研究一方面能满足水产科研机构和大学科学研究、人才培养、服务地方经济的多元化发展目标；另一方面有助于实现海水养殖业技术创新联盟发展的战略目标。因此，水产科研机构和大学特别是海水养殖业技术创新联盟中知名的水产科研机构和研究型大学应该转型科研模式，重视应用导向性基础研究。具体来说，开展应用导向性基础研究的科研机构和大学应紧紧围绕制约中国海水养殖业持续健康发展的全局性、基础性、关键性、方向性科学技术问题，重点开展包括基于生态系统的养殖新技术、生物安全保障技术体系近海资源与环境养护修复技术等领域在内的现代海水高效健康养殖技术方面的研究。相应地，这类科研院所应创新现有的管理机制，激励广大科研工作者积极参与联盟内合作创新项目的研究和研究成果的推广工作，并在此过程中着重培养造就一批有影响力的学科带头人，提升知名水产科研机构和研究型大学的海水养殖科技知识的生产能力和扩散能力。

（二）应充当好联盟的“技术守门员”角色。之所以由中国知名水产科研机构和大学担任联盟的“技术守门员”，是因为这些水产科研机构和大学拥有高素质的科研人员，通过科学研究活动将有机会接触到国际上养殖领域最新的知识、技术和方法；中国海水养殖企业由于规模较小、技术水平有限，缺乏识别重大创新的能力和监视外部环境的能力；因此，可以由这些科研机构和大学将所学习到的复杂的海水养殖科技知识转化为更加情景化的、容易理解的知识向联盟内海水养殖龙头企业传播。因此，联盟内的养殖企业可以借助“技术守门员”获取联盟外部知识，了解养殖技术的最新进展和水产品市场的变化趋势，实现联盟内部知识网络的自我更新，避免了“技术锁定”、“过分根植”现象，避免了由于联盟内养殖企业对联盟内部知识资源的过度依赖所导致的学习能力削弱和创新能力丧失，确保了海水养殖业技术创新联盟的持续发展能力。可以采取以下措施：一是建立国际科技合作机构①，积极开展国际科技交流与合作，引进国外海水养殖先进技术，并在此基础上消化吸收再创新。这类机构的建立为中国水产科研机构和大学与国外高水平同行业从业人员或机构建立合作交流关系提供了平台。二是整合国内知名水产科研机构和研究型大学的创新资源，充分发挥科研院所在新技术新成果、高素质人才以及技术研发平台资源等方面的突出优势，建立国内的渔业科技研发平台②。这类机构的建立旨在提升中国水产科研机构和大学在科学研究、人才培养、科技推广等方面的能力和水平，提高其与国外同行开展交流与合作的实力。

---

①　青岛市“十二五”科技发展规划纲要指出，要重点建设海洋渔业科技联合研究中心。

②　例如，黄海水产研究所建立的海洋渔业科学研究中心。

（三）应完善内部绩效评价体系。[①②③] 目前中国水产研究机构和大学对其科研人员工作绩效评价体系主要将论文、科研项目经费、著作、省部级以上科学技术奖励、发明专利以及国内外重要学术组织中的任职情况等作为主要考核指标。而对于海水养殖业来说，推动水产知识生产机构的科学知识向养殖企业和养殖户的扩散是提高科技成果转化率的关键。因此，需要进一步改革和完善科研机构和大学的工作绩效评价体系，应将科研人员参与渔业技术创新联盟的研发工作和成果推广工作等绩效指标纳入考核范围；制定和完善相应政策和激励机制，鼓励和支持科技人员及其创新团队参与企业的科技创新活动，有效激励这类机构的科研人员将自己的科学研究工作与养殖企业的发展需求和产业发展方向紧密结合，有效激励科学研究、技术支撑、科技服务与推广、科技管理等各类人才脱颖而出。

二　水产科技中介机构

根据在海水养殖业技术创新联盟中发挥作用的不同，可以重点发展以下三类水产科技中介机构：第一类是能够为联盟合作创新活动提供所需的信息、人才、资金、示范基地等资源和相关服务的水产科技中介机构。具体包括水产科技情报机构、水产科技评估机构、质量检测机构、科技示范园、金融服务机构等。第二类是能够推动联盟技术成果的开发、示范和推广等活动的水产科技中介机构。比如工程技术研究中心、产学研联合研究中心、养殖技术推广与培训机构、科技示范园、技术交易市场等。这类机构能够发挥水产养殖技术研发、新技术的试验、新成果的示范等科技服务职能。

由于当前中国海水养殖业生产活动组织化程度还不高，因此较为可

---

① 虞振飞、张军、杜宁等：《浅析研究型大学在产学研合作中遇到的问题》，《科研管理》2008 年第 29 卷增刊。

② 雷群：《凉山州农业科研机构的技术创新能力研究》，《中国经贸导刊》2010 年第 17 期。

③ 申红芳、肖洪安、郑循刚等：《科学研究与技术开发机构技术创新能力评价模型研究——以农业科学研究与技术开发机构为例》，《科技进步与对策》2007 年第 24 卷第 12 期。

行的做法是依托联盟内海水养殖龙头企业和水产科研机构已有的具有科技服务功能的相关机构来充当联盟的科技中介机构。比如，寻山集团已经建立的海洋生物工程技术研究中心、分析检测中心、科技兴海示范基地、水产健康养殖示范场、皱纹鲍鱼和栉孔扇贝良种场等；黄海水产研究所已经建立的信息中心、海洋酶中试基地、农业部水产种质与渔业环境质量监督检验测试中心等。这些机构具有较为完备的硬件基础设施和较强的技术服务能力，因此，能够为海水养殖业技术创新联盟产学研各方之间以及联盟盟员与联盟外行业主体之间的知识流动和技术转移提供桥梁和纽带，并且能够有效降低创新成本和风险，加快高新技术成果转化，大大提高联盟创新绩效。

第二节　提升海水养殖企业的知识应用开发能力

一　培育海水养殖龙头企业

海水养殖龙头企业是海水养殖业快速发展的重要载体，对于高新技术在海水养殖业中的推广和应用发挥着带动和示范作用。然而，目前海水养殖产业总体上技术水平不高，企业规模小、研发投入偏低、技术创新能力薄弱、带动力示范能力不强。为了更好地发挥海水养殖龙头企业在联盟中的知识应用开发的作用，应注重培育科技示范龙头企业，依托其建设示范基地并发挥其辐射带动作用，不断增强龙头企业的创新能力和优势产业的发展带动能力，进一步提升科技对海水养殖业发展的支撑作用。①

具体措施：一是政府应成立专门部门研究制订海水养殖龙头企业发展规划，并做好指导、组织协调和培育扶持工作。二是组织和引导予以重点扶持的海水养殖企业承担和参与科研开发与示范项目。以项目实施为载体，激活资金、人才、技术等创新资源向企业的有效集聚。三是支持在重点扶持的海水养殖企业建立工程技术研究中心。例如，依托寻山

① 高云宪、宫志远：《农业科技成果产业化实践启示与技术创新》，《中国软科学》2000年第1期。

集团建立的国家海产贝类工程技术研究中心，是首批国家高新技术研究发展计划成果产业化基地；通过研发推广优质、高产和抗病性、抗逆性强的贝类苗种与繁育等技术，该中心将成为寻山集团技术创新能力提升的新引擎，并辐射带动整个贝类产业养殖加工技术与经济效益的提高，产生巨大的社会效益。四是应加大对海水养殖龙头企业的财政扶持力度，强化龙头企业与金融部门的合作，加大对龙头企业的信贷投放力度，适当降低贷款门槛，对企业诚信度高、市场前景好的企业予以适量的信贷支持。

借助上述措施，积极发现和培育海水高效健康养殖方面的高新技术龙头企业，切实增强其产业化示范、项目辐射和带动作用，逐步提升海水养殖龙头企业的自主创新能力。

二 提高海水养殖企业的知识吸收能力

提高联盟内海水养殖企业的知识吸收能力[①]是促进联盟知识流动的关键环节。提高海水养殖企业知识吸收能力的具体做法包括以下三个方面：

一是引导海水养殖企业加大科研投入，逐步提高企业研发经费占销售额的比重。规模较大、资金实力较强的海水养殖企业应建立企业的研发部门。对研发活动进行持续投资，采取多种形式与科研机构和大学及技术推广等部门进行合作，开发拥有自主知识产权的新技术、新产品、新工艺。[②] 积极整合与有效利用外部科技资源，扩大企业科技创新空间。

二是积极投资建设海水养殖业研发及产业化示范基地，提高海水养殖企业的专用性资产投资。投资建设高标准综合配套的苗种培育基地、饵料研制基地、分析测试中心等科研体系，提高与科研机构和大学联合开展项目研究的对接能力。投资组建工程技术研究中心、国家级重点实

① 吴新：《农业高校 + 农业龙头企业：农业科技创新与推广的理想范式》，《广东农业科学》2008 年第 5 期。

② 高启杰：《中国农业技术创新模式及其相关制度研究》，《中国农村观察》2004 年第 2 期。

验室、博士后工作站、院士工作站等，并聘请海水养殖领域的资深专家担任技术顾问，为学研方的科学家和企业方的技术人员提供面对面互动的机会和平台，提高企业技术人员的理论和实践水平。

三是要提升养殖企业从业人员的研发能力和工作技能，提高海水养殖业科技知识基的水平。一方面，鼓励海水养殖龙头企业引进技术和人才，组织力量到日本、韩国及国内水产院校、科研机构招才引智。另一方面，注重企业内部人才选拔和培养，加强对养殖企业员工的技术培训，选派技术骨干到国内水产科研机构和大学学习；结合科技项目的实施，通过专家讲座、技术培训、科技成果现场观摩会以及建立科技培训基地等多种形式，广泛开展海水养殖适用技术培训，培养一批海水养殖业技术骨干，提升海水养殖企业的科技创新能力和转化能力。

三　提升养殖企业的知识管理水平

海水养殖企业要特别注重提升自身的知识管理水平。具体做法如下：

一是要从战略高度重视养殖企业的知识管理工作。知识管理是一个系统工程，特别需要企业中高层管理者的支持。建立健全海水养殖企业的组织结构和各项管理制度，加强知识产权管理工作，提升企业自主知识产权意识。

二是围绕本企业的发展战略，制定相应的知识管理战略。特别需要围绕海水养殖企业参与产学研合作研究项目的实施过程，制定规范的知识共享和存储制度，构建企业的公共知识库。这样海水养殖企业才能够从参与联盟合作创新活动中真正受益，获得技术创新能力的逐步提升。

三是应制定相应的激励政策，鼓励知识共享和知识创新。鼓励曾经参与或正在参与联盟合作研究项目的员工，在不违反联盟知识产权管理制度的前提下，采用报告会或者交流会的方式，将自己的研究成果或研究体会和经验向组织内其他成员传播，并要特别注重将会议内容和成果进行汇总、加工、整理和存储。

四是在企业内营造“知识只有在流动中才能创造价值”的文化理念，重视企业的知识学习，将企业建设成为“学习型组织”；逐步将知识管理全面融入养殖企业的战略、流程、组织、绩效等管理体系，使其成为企业提升核心竞争力的重要组成部分。

四　注重与联盟其他成员建立关联关系

养殖企业与联盟内其他成员拥有的联结渠道越多，就越有机会获得科研机构、大学或者科技中介机构等知识网络结点中拥有的养殖知识、技术、资金、管理技能等，从而就拥有比其他养殖企业更多的资源优势、信息优势和控制优势。这类养殖企业能更为准确和快速地了解本行业的技术知识和市场需求变化，并针对市场机会与威胁对现有产品和技术进行及时的改进，因此有利于市场竞争力的提升。

这就意味着，对于海水养殖企业，加入联盟仅仅是个开始，如果要想通过加入联盟提升自身竞争优势和创新能力，则必须积极主动地嵌入联盟知识网络之中，通过多种渠道与其他盟员建立联结关系：一是积极参与联盟的产学研合作研究项目，与联盟学研方建立“强关系”，这样更有利于海水养殖科技隐性知识从学研方向养殖企业的转移。二是通过人员交流、非正式互动等方式与相关政府部门、水产科技中介机构等建立弱关系，便于及时了解有价值的政策信息。三是海水养殖企业应准确把握内部创新人才、科技基础、技术储备、研发投入水平、自身优势特色及有关薄弱环节等实际情况，同时应了解外部的科技资源状况和企业面临的机遇与挑战，科学地选择优势互补、诚信可靠、具有共同完成自主创新目标能力和水平的联盟伙伴。四是积极参与联盟创新成果的技术推广活动。有实力的海水养殖企业可以与水产科研机构、大学共同参股组建股份公司，开展海水养殖新技术的产业化推广。

第三节　完善海水养殖业技术创新联盟的知识服务环境

一　相关政府部门

（一）发达国家政府在产学研创新联盟建设与发展中的角色定位

近十几年来，政府、企业、高校及科研院所紧密合作已成为世界各国加快科技创新、发展高新技术、实现产业化的有效途径。许多国家开始调整科技和经济政策，转变传统的自由放任和不干涉工业研发活动的政策，强调政府与产学研相结合，政府开始成为合作创新的倡导者和参与者，形成了政府营造政策环境，企业出题目、出资本，高等院校和科研机构出智力、出成果的合作模式，加速了科技创新与成果产业化的进程。为了促进产学研创新联盟的健康发展，西方各主要发达国家政府的相关部门主要发挥着以下角色：

1. 相关法律的制定者

产学研创新联盟涉及多个民事法律关系的主体，是一个复杂的动态系统，其中各主体的社会服务功能、价值取向等存在很大差异。为此，政府必须制定相应的法律法规以保障各方权责。目前，美国等发达国家产学研结合与联盟的相关法律法规都较为完备，在要素流动、知识产权、利益分配、技术转移、奖惩办法等方面都做了科学而详细的规定。如美国的《拜杜法》《史蒂文森—威德勒技术创新法》《国家合作研究法》，日本的《大学技术转移促进法》以及法国的《技术创新和科研法》等，这些法律有效维护了联盟各方的利益，调动了产学研三方的积极性，为产学研联盟的有序运行提供了制度保障。

2. 合作计划的推动者

各国政府都借助科技计划手段直接对产学研联合给予扶持和引导。自20世纪70年代开始，美国政府及其有关部门就陆续制订了多个促进产学研结合的计划，这些计划的实施大大推动了产学研联盟的发展。英国政府也制订了一系列科技计划来推动产学研合作，包括《联系计划》《法拉第合作伙伴计划》《连接创新计划》《大学挑战计划》《科学企业挑战计划》《高等教育创新基金计划》等。这些科技计划一方面强调对产学研实施绩效的总体评价，并以此为依据对计划进行调整和改进；另一方面强调在一个项目内同时完成开发和转移两个步骤，以此提高科技成果转化率。

3. 政策环境的营造者

各国政府采取了一系列税收优惠、金融扶持及促进人员流动等政策措施，努力为联盟运行创造一个有效宽松的政策环境。在税收抵免或削减方面，美国税法规定，企业委托大学或科研机构进行基础研究，根据合同所支付的研究费用的65%可从所得税中抵免，同时对新产品的中间试验产品给予免税优惠政策；美国政府采取对风险投资额的60%免除征税，其余的40%减半征收所得税的措施，使得风险投资的税率从49%下降到20%。通过给予高新科技企业和风险投资机构在财税、信贷、金融等方面相当优惠的政策鼓励，推动产学研联盟和风险投资业的共同成长和壮大。在中国台湾，用于生产自动化、人才培训等方面的支出可以按20%～50%的比例抵减所得税；个人创造发明的专利获得者和计算机软件创作者如果把研究成果应用于本地公司，其收入可以免税。

4. 互动平台的搭建者

为促进产学研的结合，世界发达国家纷纷创办了促进科研成果转化的各种中介机构。20世纪80年代初，美国创建了为中小企业提供全方位服务，隶属于国家商务部小企业管理局的小企业发展中心、中小企业信息中心以及建在大学的生产力促进中心等科技中介服务机构。英国政府在各地建立了240个地区性的“企业联系办公室”，旨在促进当地企业与大学、研究机构以及金融机构的联系，实现科技成果的转化与推广，促进知识的快速转移。日本政府搭建的平台主要有两种：一是在大学和科研机构比较集中的地方建立“高科技市场”；二是在大学设立经政府批准的“技术转让机构”，组织形式采取财务股份公司制、财团法人制或为大学一个组成部分，迄今为止已有18所大学设立。

为了保证上述角色职能的发挥，发达国家政府部门还高度重视产学研创新联盟的制度与机构建设，纷纷建立了专门机构或联合体，加强对产学研结合与联盟的宏观管理，提升产学研联盟的运行效率。例如，美国的合作研究中心、芬兰的国家技术发展中心以及瑞典的能力中心等。许多国家还设立了部际协调委员会，负责解决部门之间在科技创新政策、计划和项目方面的协调和配合问题，从组织机构和制度建设上推进产学研创新联盟的发展。

（二）我国政府推动产学研创新联盟建设与发展的经验总结

我国政府在推动产学研创新联盟建设与发展过程中发挥了重要作用，具体支持手段包括：制订科技战略规划和科技计划、金融支持、知识产权保护等方面。

1. 制订科技战略规划

经济和社会发展需要政府的长期投资，而科技活动的投资涉及巨大风险和不确定性，因此，从长期发展的角度来看，政府需要管理好稀缺的科技资源以实现最佳利用。所以，科学技术战略规划的制定变得日益重要。[①] 以我国《国家中长期科技发展规划纲要（2006—2020年）》为例，它指出了我国未来十五年重点发展的产业领域、需要重点突破的前沿技术、面向国家重大战略需求的基础研究方向等，并提出了推动国家创新体系建设的重要政策和措施，这些内容有助于政府部门围绕产业发展的重点任务，在全国范围内有重点、有步骤地做好联盟发展的规划工作，严格联盟构建的审批环节，防止一哄而上和重复建设。此外，还有助于产学研创新联盟制定符合国家科技发展方向的联盟战略目标，引导联盟可持续发展。

2. 制订科技计划

当前，项目合作是我国产学研创新联盟成员之间最重要的合作模式[②]，它不仅给予海水养殖业技术创新联盟以资金上的支持，更关键的是为联盟内知识转移、知识共享等知识流动提供平台，最终实现联盟的知识创新。而国家和地方各级政府安排的各类科学研究和技术开发计划，正是联盟的主要项目来源。目前，国家科技部已经制定暂行规定[③]：国家科技计划（重大专项、国家科技支撑计划、“863”计划等）积极支持联盟的建立和发展；经科技部审核的联盟可作为项目组织单位参与国家科技计划项目的组织实施。这类项目组织实施的研究经费一部分由各级政府提供，其余由联盟成员企业提供配套研究资金。

3. 金融支持

产学研创新联盟旨在对产业关键共性技术进行攻关，因此，整个合

---

① 万劲波：《技术预见：科学技术战略规划和科技政策的制定》，《中国软科学》2002年第5期。

② 苏靖：《关于国家创新系统的基本理论、知识流动和研究方法》，《中国软科学》1999年第1期。

③ 国家科技计划支持产业技术创新战略联盟暂行规定（国科发计〔2008〕338号）。

作创新过程体现了高技术、高投入、长周期、高风险的特点。联盟发展的资金来源除了联盟成员自筹和政府资金支持以外，还需要丰富的金融工具服务。目前，我国政府已出台了相关的指导意见和实施办法（见表7－1），加快科技和金融的结合，增强产学研创新联盟的发展后劲。

4. 知识产权保护

近十年间，我国政府已相继制定了一系列知识产权保护方面的法律法规，这些法律法规对于鼓励产学研各方进行合作创新、规避合作风险发挥了重要作用[①②]。我国现行法律中的相关制度呈现出逐步重视当事人意思自治和构建利益平衡机制两大特点，但在兼顾产、学、研、国家等各方利益以及产学研各方内部工作人员的利益方面需要进一步完善[③]。

表7－1　**我国政府推动产学研创新联盟发展的现有政策措施**

支持手段	时间	名称
科技战略规划	2006	国家中长期科学和技术发展规划纲要
	2007	中长期渔业科技发展规划
	2011	国际科技合作“十二五”专项规划
	2011	国家大学科技园“十二五”发展规划纲要
科技计划	2001	《国家科技计划管理暂行规定》
	2001	《国家科技计划项目管理暂行办法》
	2008	国家科技重大专项管理暂行规定
	2008	《国家科技计划支持产业技术创新战略联盟暂行规定》
	2011	国家国际科技合作专项管理办法
	2011	国家科技支撑计划管理办法
	2011	国家高技术研究发展计划（“863”计划）管理办法

① 郭将：《制度对农业技术创新的作用研究》，《安徽农业科学》2010年第38卷第30期。

② 陈劲：《产学研战略联盟创新与发展研究》，中国人民大学出版社2009年版，第230—233页。

③ 孟祥娟、石宾：《论产学研联盟相关的知识产权问题》，《中国社会科学院研究生院学报》2007年第2期。

续表

支持手段	时间	名称
金融支持	2006	《关于加强中小企业信用担保体系建设的意见》
	2006	《支持国家重大科技项目政策性金融政策实施细则》
	2006	《关于商业银行改善和加强对高新技术企业金融服务的指导意见》
	2007	《科技型中小企业创业投资引导基金管理暂行办法》
	2011	关于促进科技和金融结合加快实施自主创新战略的若干意见
知识产权保护	2002	关于国家科研计划项目研究成果知识产权管理的若干规定
	2003	中华人民共和国专利法实施细则
	2006	关于国际科技合作项目知识产权管理的暂行规定
	2007	中华人民共和国科学技术进步法
	2009	中华人民共和国专利法
	2010	国家科技重大专项知识产权管理暂行规定
其他	2008	关于推动产业技术创新战略联盟构建的指导意见
	2009	国家技术创新工程总体实施方案
	2009	关于推动产业技术创新战略联盟构建与发展的实施办法（试行）

（三）政府在海水养殖业技术创新联盟建设与发展中的职能发挥

借鉴国外发达国家政府部门在联盟发展中的角色定位，并结合我国海水养殖业创新联盟的发展实践，本书认为，中国政府在促进海水养殖业创新联盟发展过程中应着重发挥好以下职能：

1. 拓宽资金支持渠道

针对渔业技术创新活动溢出效应明显的特点，各级政府应采取措施加大投入支持海水养殖业技术创新联盟的健康发展。①②③ 一是大力支持具备条件的联盟承担国家农业科技专项、国家科技支撑计划、“863”和“973”计划、国家科技基础条件平台建设、良种体系建设工程和

① 邸晓燕、张赤东：《产业技术创新战略联盟的分类与政府支持》，《科学学与科学技术管理》2011 年第 4 期。

② 温珂、周华东：《联盟能力视角下的产学研合作联盟促进政策研究》，《科学学与科学技术管理》2010 年第 8 期。

③ 陈立泰、林川：《政府在产学研联盟中的角色及行为研究》，《科技管理研究》2009 年第 7 期。

“948”引进计划等各类国家科技计划项目。国家科技计划应积极探索无偿资助、贷款贴息、后补助等方式支持联盟的发展。通过实施国家科技计划项目，在山东、辽宁、天津、江苏、上海、浙江、福建、广东、广西、海南等重要海水养殖业省市，建立代表不同海区特色的海水养殖业高效健康生产示范区和技术平台，夯实海水养殖业发展基础，为海水养殖业技术创新联盟进行科学研究和产业化示范提供研发基地和平台。二是政府应鼓励银行、创业投资等金融机构综合利用“投、贷、债、租”等金融手段，支持联盟开展技术攻关和成果产业化，为联盟及其盟员提供多样化的融资支持和金融服务；同时鼓励金融机构深入探索信贷资金与政府补贴相结合等融资模式，加快金融创新，推动联盟发展。三是针对海水养殖企业对员工的技术培训和研发活动的持续投资给予税收优惠，鼓励养殖企业提高知识吸收能力。

2. 优化水产科技中介机构发展环境

为了规范水产科技中介机构的服务行为，促进该类机构的健康发展，并充分发挥该类机构对联盟可持续发展的推动作用，政府可以从以下几方面出台相关政策①②③：一是完善配套政策，从资金支持、税收减免等方面鼓励水产科技中介机构为渔业技术创新联盟的发展服务。凡为海水养殖业技术创新联盟提供有关服务的科技中介机构可享受财政专项资金支持；对于那些面向海水养殖业技术创新联盟的高新技术产业化发展提供服务的高科技风险投资机构同样享有资金扶持和税收优惠政策。二是提高管理水平。加强对水产科技中介服务机构管理人员和服务人员的素质培训；建立以渔业协会管理为主的宏观管理体制，政府通过制定相关法律法规对渔业协会实施监管和指导，而由渔业协会对水产科技中介机构进行监管。④ 三是改革和完善现有水产技术推广体系，整合中国

---

① 胡冬云：《产业技术创新联盟中的政府行为研究——以美国 SEMATECH 为例》，《科技管理研究》2010 年第 18 期。

② 高扬：《产业技术创新战略联盟中政府行为研究》，硕士学位论文，华中科技大学，2009 年。

③ 卫之奇：《美国产业技术创新联盟的实践》，《全球科技经济瞭望》2009 年第 2 期。

④ 罗公利、刘伟：《山东省科技中介服务机构的发展对策》，《科技与管理》2008 年第 10 卷第 5 期。

现有的水产技术推广系统的相关资源，由各省地市渔业行政主管部门所属的地方水产技术推广站协同全国水产技术推广总站负责做好联盟合作创新成果在当地涉渔企业、广大渔户的技术传播、技术支撑、技术服务工作，为海水养殖业技术创新联盟创新成果的示范和推广服好务。四是扩大水产科技中介机构的市场需求。比如，制定针对水产科技中介机构产品和服务的政府采购政策、鼓励中小养殖企业加强与科技中介机构的联系等。

3. 搭建联盟知识共享平台

海水养殖业技术创新联盟的知识共享平台[①]建设包括两方面的含义。一方面是指知识共享平台的基础设施建设；另一方面是指联盟知识共享的机制建设。畅通的信息沟通条件可以消除联盟各盟员之间的信息不对称，有利于在盟员之间构建起高水平的信任关系，有助于提高联盟在构建、合作、成果推广等各个环节的运行效率。对于联盟知识共享平台的建设需要借助政府的力量。

政府可以借助财税等优惠政策在以下方面给予支持：一是支持信息基础设施建设，进一步完善渔业科技信息服务体系；具体包括养殖科技信息服务网络、养殖技术网上交易市场等建设。[②] 二是建立全国性的养殖科技资源数据库。数据库可以整合全国范围内的水产研究型大学、科研机构、大型养殖企业等科技人员的个人信息和研发成果信息，为海水养殖业技术创新联盟构建之初的成员选择、联盟合作创新过程中合作研发人员选择提供依据；可以将联盟的最新研发成果予以共享，为成果从联盟向全行业的推广架起桥梁。三是支持联盟科技条件平台建设。鼓励和支持海水养殖业技术创新联盟内各盟员开放科技条件资源、健全科技条件资源开放共享机制，为联盟成员及联盟外行业企业提供检测、分析、测试等科技条件服务；加强重点实验室和野外台站等技术平台建设，为联盟合作创新活动提供必要支撑条件。四是支持联盟国际项目合

① 齐振宏：《我国农业技术创新过程的障碍与支撑平台的构建》，《农业现代化研究》2006 年第 27 卷第 1 期。

② 李思经、周国民：《中国农业研究信息系统管理模式研究》，中国农业科学技术出版社 2002 年版，第 110—115 页。

作平台建设。政府应为海水养殖业技术创新联盟引进国外创新资源、参与国际标准制定、开拓国际市场等提供渠道和平台。五是支持联盟人才培养平台建设。支持联盟探索产学研合作的人才培养模式，支持联盟设立博士后工作站等。六是支持海水养殖业技术创新联盟参与渔业规划和行业科技发展规划的制订。

4. 参与协调海水养殖业技术创新联盟组织运行

为了保障海水养殖业技术创新联盟顺畅运行，政府应参与协调联盟运行的关键环节，包括：（1）政府直接介入联盟运行管理。秘书长必须由那些具有成熟的大型项目管理经验、丰富的社会资本、卓越的组织协调能力同时又居于中立地位的人来担任。由联盟的宏观管理部门科技部、农业部的官员或者渔业协会主要领导来担任联盟秘书长较为合适。（2）参与联盟研究开发计划的制订及实施。在联盟研发计划制订的过程中，政府应推动联盟产学研各方加强沟通，协调各方的意见分歧，并努力使联盟的创新目标与国家的产业发展规划相一致。（3）政府参与合作研究组研究人员的遴选工作。联盟内养殖企业在向合作研究组委派研究人员时，由于会担心自身所拥有的知识溢出和技术外流到其他合作企业从而导致本企业失去技术优势，而不愿将本企业最优秀的技术骨干推荐到合作研究组参与合作研究。因此，由对各盟员企业技术人才状况比较熟悉的项目管理室负责人提出推荐人员名单之后，需要科技部相关政府部门出面协调，协助确定参与课题研究的最终人选。（4）由政府牵线搭桥推动联盟成员之间的沟通。尤其是目前联盟内的龙头涉渔企业之间由于技术创新能力普遍不强，技术能力优势并不突出，知识资源的互补性还不强，因此，知识流动较为匮乏。它们之间的知识流动更多的是借助一些非正式交流或者人员流动等方式。由政府出面促进联盟内龙头企业之间的信息和人员流动，以及养殖科技人员和企业家面对面地交流彼此最新的科研成果及技术信息。

5. 构建海水养殖业技术创新联盟合作创新绩效评价体系

构建完善的海水养殖业技术创新联盟合作创新绩效评价体系，对海水养殖业技术创新联盟中产学研各方开展的合作创新活动进行科学客观的评估十分重要。对政府而言，评估结果可以作为联盟政府主管部门制定更加有效的引导和支持政策的科学依据，有助于促进各个海水养殖业技术创新联盟之间的良性竞争；对联盟而言，评估结果可以作为联盟组织管理机构完善各项联盟管理制度的依据；对于涉渔产学研各方而言，评估结果可以作为各方修正各自参与联盟的态度以及合作方式的依据。

应构建完善的海水养殖业技术创新联盟合作创新绩效评价体系，对海水养殖业技术创新联盟合作创新绩效进行以下两方面的评价：（1）对海水养殖业技术创新联盟整体运行质量的总体评价。包括：联盟承担政府委托项目及项目成果转化情况；联盟承接其他行业主体委托项目及项目成果转化情况；联盟人才培养情况；联盟技术研发平台建设情况等。（2）重点展开对海水养殖业技术创新联盟知识流动情况的评价。对于联盟中研究机构和高等院校，需要评价其科研成果的承担和完成情况，这是衡量学研方知识编码能力的重要指标；对于联盟中的养殖企业而言，需要评价这类企业对员工培训和研发活动进行投资的投入情况，这是衡量涉渔企业知识吸收能力的重要指标。另外，还要评估联盟内产学研各方之间的互动情况；评估联盟对整个行业主体的技术服务情况等。如前所述，产学研的知识流动水平决定了产学研各方在合作过程中知识创新的水平。因此，重点开展对联盟知识流动情况的评价是联盟构建初期盟员选择的重要依据，是联盟发展过程中盟员的适时淘汰与更新的重要依据，也是推动联盟知识流动进而提高联盟合作创新绩效的重要途径。

根据前文所述的海水养殖业技术创新联盟外部组织体系，虽然海水养殖业技术创新联盟的宏观管理部门科技部以及省地市科技行政管理部门负责组织或委托第三方科技监督评估机构对联盟执行项目进行监督检查，但可以看出上述联盟的监管体系还很不完善，并且在联盟实际运行过程中尚未有效建立。因此，笔者认为应对联盟上述两方面进行综合评价，才能够全面评估海水养殖业技术创新联盟运行与发展状况，并及时发现海水养殖业技术创新联盟发展中存在的问题。上述评价体系与联盟内部的监督管理机构一起构成了联盟运行的监督与评估机制。

6. 进一步完善联盟知识产权保护制度

海水养殖业技术创新联盟是产学研合作的高级发展阶段，相对于一般的产学研合作而言，联盟的知识产权保护激励问题更加复杂，比如联盟共性技术研发过程中的知识产权保护和内部共享、共性技术形成后的权利归属和利益分配等问题，若能得到合理的解决，必然会促进海水养殖业技术创新联盟的持续发展。因此，知识产权法律法规的完善与否对于联盟绩效的影响更加显著；针对联盟的知识产权法律法规越完善，联盟内的知识流动越顺畅，联盟的合作创新绩效越高。

目前，针对海水养殖业技术创新联盟的知识产权工作仅仅处于纸面协议阶段。通过调研发现，在联盟成立的合作协议书中都将知识产权保护与管理列为协议的一部分，对专利的权属、利益分配等问题进行了明确划分；但在联盟组织机构中却没有专门负责知识产权的部门和人员，也没有设立专项基金用于知识产权管理工作，联盟成立至今没有相关的知识产权许可、转让等业务发生。因此，笔者认为，政府应从以下几方面进一步完善联盟知识产权保护的相关制度①：一是支持建立渔业知识产权信息中心。充分吸纳本行业经验丰富的专利检索人员，加强对渔业技术重点领域的知识产权发展趋势的查阅和研究，定期发布渔业重点领域专利研究报告，提高联盟产学研各方利用专利文献的意识和能力；并对联盟的科研立项、技术攻关、专利申请、养殖企业的产品开发、专利侵权纠纷等起到参谋作用。二是创新知识产权保护机制。完善科技计划管理办法，突出强调各类科技计划项目组织实施中“竞争、公开、择优、问责”的原则；课题任务的组织实施强化法人管理责任，实行责任追究制度。注重商业秘密的保护，加强国际合作的知识产权审查和管理；联盟的核心技术尽量采取专利的形式进行保护，并针对核心专利制定知识产权战略；建立联盟知识产权巡查机制，加强各盟员的知识产权保护。三是规避和化解联盟知识产权风险。创建联盟知识产权维权援助的快速通道，在联盟遭遇知识产权纠纷时，为联盟及其盟员提供及时可靠的技术与法律分析，并给予维权援助资金支持。充分利用职能部门的优势，针对联盟开展知识产权的培训，定期组织各个海水养殖业技术创

① 韩朝亮、恒洋：《黑龙江省产业技术创新战略联盟知识产权发展研究》，《商业经济》2011 年第 20 期。

新联盟进行知识产权管理的经验交流。四是支持知识产权中介服务机构的建设。针对联盟的技术创新和知识产权工作的需求，加强咨询、专利和商标代理、专利文献检索、法律维权等社会中介组织的建设，着重加强无形资产评估机构的建设，为联盟的知识产权转让和许可提供有效的外部支撑。

二　联盟组织管理机构

联盟组织管理机构除了要在海水养殖业技术创新联盟的日常运行中发挥综合管理职责之外，还要着重在以下四个方面发挥作用。

一是推动建设联盟通向外部知识源的知识获取渠道。应围绕联盟的对外交流与服务工作，在联盟组织管理机构中设置信息资料室、合作交流室和技术服务室，提升联盟整体的知识管理水平，获取来源于联盟外部最新的海水养殖前沿技术、市场反馈信息等，促进联盟的开放式发展。

二是确定合适的联盟成员数量。联盟构建之初，需要确定合理的成员规模。联盟成员规模与联盟创新绩效之间呈现“∩”形关系，成员数量并不是越多越好，要确定一个最佳的数量规模，需要对海水养殖业技术创新联盟的运行实践开展进一步的实证研究。

三是设计完善的知识产权管理制度。这一工作应由知识产权室负责完成。知识产权管理制度是在联盟内构建高水平信任的关键环节，完善的知识产权管理制度能够降低个人由于向团队中的其他成员共享知识所带来的机会主义风险，是个人将自己拥有的隐性知识显性化的有效激励措施。

四是引导联盟为海水养殖业发展提供有效支撑。可以通过以下途径引导联盟发挥支撑作用：发挥联盟科技优势，为政府决策、行业管理提供有力的科技支撑；积极参加农业部组织的“渔业科技服务年”活动，广泛开展各项富有实效的渔业科技服务与推广活动；组织联盟专家参与各级政府部门的产业与科技发展规划的编制工作，有效开展决策咨询工作。

第八章

研究结论与展望

第一节 研究结论

产业技术创新联盟合作创新绩效的提升本质上依赖于联盟内顺畅高效的知识流动。基于这一假设，本书以海水养殖业技术创新联盟作为研究对象，在对荣成市现代海水养殖产业技术创新联盟进行深入调研的基础上，运用技术创新理论、知识管理理论、组织学习理论，并结合养殖业行业特性和技术创新规律，重点探讨了海水养殖业技术创新联盟内的知识流动的过程和机理，并在此基础上设计和构建了能够有效促进联盟知识流动的联盟信任机制和组织体系，提出了能够促进联盟知识流动的对策建议。现将本书研究得出的主要结论总结如下：

第一，海水养殖业技术创新活动具有自身独特的规律。本书分别从技术创新链、技术创新要素和技术创新网络等多角度对海水养殖业技术创新内涵进行了界定，并对海水养殖业技术创新特征进行了分析，认为海水养殖业技术创新除了具备与工业技术创新所具有的创造性、高风险、高投入、高收益等相似的特征外，还具有技术创新主体多元化、技术创新模式丰富、技术创新过程的复杂性和高风险性、技术创新活动具有公共物品属性等特点。在此基础上得出结论，海水养殖业的技术创新尤其是关键共性技术的创新，必须借助该领域公共研究机构、研究型大学、养殖企业和养殖户等产学研各方以及政府、中介组织等机构的通力合作。只有这样，才能克服市场机制对海水养殖业技术创新资源配置的无效率，才能有效地规避创新过程中的巨大风险。

第二，构建了海水养殖业技术创新联盟知识网络模型，将知识网络划分为知识生产扩散子网络、知识应用开发子网络、知识环境服务子网络。其中，知识生产扩散子网络包括知名水产科研机构、涉渔研究型大学、水产科技中介机构等主体要素；知识应用开发子网络包括海水养殖龙头企业以及与其存在竞争互补关系的养殖企业；知识环境服务子网络包括相关政府机构、联盟组织管理机构等主体要素。除了主体要素，本书还分析得出了知识网络中的其他要素类型：一是关系要素，包括研究开发关系、推广服务关系、市场交易关系；二是资源要素，包括个人知识、组织知识、联盟知识、行业知识；三是制度要素，包括联盟契约和联盟文化。

第三，通过对海水养殖业技术创新联盟知识流动运行机制的研究，界定和分析了海水养殖业技术创新联盟知识流动的概念及特征，归纳出联盟知识流动方式包括项目合作、非正式交流、人员流动、技术推广。分析了联盟知识网络中最重要的两类知识流动界面：一是知识生产扩散子网络与知识应用开发子网络之间的界面，对该界面的管理关系到联盟内产学研的互动质量，该界面管理的重点在于对联盟内产学研各方项目合作过程的管理；二是联盟外主体要素与联盟之间的界面，对该界面的管理关系到海水养殖业技术创新联盟创新成果的有序推广，该界面管理的重点在于对联盟创新成果推广方式的设计。分析了海水养殖业技术创新联盟知识流动影响因素：一是主体要素特性：知识源的知识转移意愿和知识编码能力、知识受体的知识吸收能力。结论：应该创新联盟内产学研项目合作的模式，使养殖企业乐于参与合作并分享知识；应设计完善的知识产权保护机制，将由知识共享给盟员带来的风险降到最低；应完善产学研各方及科技中介组织内部的工作激励措施，提高知识转移意愿；应提高产学研各方的知识管理水平，善于将员工拥有的个人隐性知识挖掘出来整合为组织层面的知识；海水养殖企业要加强对员工的技术培训和研发积累的持续投资，着重提高海水养殖业科技知识基的水平，以提高知识吸收能力。二是资源要素特性：知识的内隐性、情境性和复杂性。结论：促进知识流动的关键是促进隐性知识的流动。三是关系要素特性：关系距离和关系强度。结论：塑造兼容性较强的产学研组织文化、塑造和谐的联盟文化，维护盟员之间的信任关系；频繁的面对面的交流互动进而有利于产学研各方知识尤其是隐性知识的流动。四是制度要素特性：联盟结构、联盟信任水平和海水养殖业行业特性。结论：海水养殖业技术创新联盟尤其适合选择灵活性较强的合约式联盟结构，盟员各方通过在契约中约定各方的权利与义务来保证合作创新目标的实现；构建联盟的信任机制对于联盟内知识顺畅流动至关重要；政府必须采取措施应对由“市场失灵”所导致的养殖企业创新乏力的问题。五是网络结构特性：网络规模、网络密度、网络外向度。结论：联盟成员规模并非越大越好，联盟成员规模与联盟创新绩效之间呈现“∩”形关系；高密度网络有利于网络内的知识流动，但密度过大容易造成“过分根植”现象，应注重构建联盟通向外部知识源的知识获取渠道。

第四，通过对海水养殖业技术创新联盟知识流动循环机理的分析，提出了海水养殖业技术创新联盟的知识分布包括个人层次知识、组织层次知识、团队层次知识、联盟层次知识。构建了海水养殖业技术创新联盟知识流动循环模型，分析得出海水养殖业技术创新联盟的知识流动循环过程包括个人—个人、个体—团队、团队—联盟、联盟—个人、组织—个人之间的知识转化和流动；每个层次知识的形成机理各不相同；并得出以下重要结论：个人知识是海水养殖业技术创新联盟知识流动循环的起点和枢纽，是产学研各方通过参与联盟合作获取知识的唯一通道；应激励产学研各方工作人员的学习，并提高产学研各方的知识管理水平，促进组织内个人知识向组织知识的转化；由于个人知识显性化是整个知识流动循环的关键步骤，因此，联盟运行机制设计应着眼于如何降低因显性化知识给个人及其所在组织带来的知识流失的风险，即联盟信任机制。提出了海水养殖业技术创新联盟的知识转化场的构建策略。探讨了海水养殖业技术创新联盟知识流动循环的动力机制——知识学习，构建了联盟知识学习模型，提出了联盟知识学习的三种类型：研究团队的单环知识学习、联盟的双环知识学习和联盟内产学研各方的知识再学习；单环知识学习主要发生在联盟的研究团队内部，其创造出的主要是研究方法、实验环境以及参与人员的操作方式等技术知识，这些技术知识表现为个人知识和团队知识；双环知识学习过程主要发生在联盟的研究团队之间及联盟层面，双环知识学习创造出的是联盟层次的系统知识，即有关联盟目标、价值观、文化及各项管理制度等方面的知识；知识再学习是指联盟内的产学研组织通过挖掘、整合组织内的个人知识，所形成的新的组织知识，这类知识被称为战略知识，主要是有关本组织是否参与联盟以及如何更加有效地参与联盟等与组织战略相关的知识。

第五，通过对海水养殖业技术创新联盟知识流动保障体系的探讨，设计了海水养殖业技术创新联盟信任机制，厘清了联盟盟员之间的信任对于联盟知识流动的促进机制：信任能够提高联盟内知识源的知识生产绩效、知识受体的知识应用开发绩效，并促进联盟内的知识扩散，从而促进联盟知识流动。提出了海水养殖业技术创新联盟信任机制构建策略：一是联盟成员选择机制；二是联盟规范控制机制，其中知识产权管理涉及对现有知识产权的投入和共享的相关规定，对于新知识产权的权利归属、使用和利益分配的相关规定，对于联盟创新成果的推广方式；三是联盟文化培育机制，包括对联盟盟员定期进行文化管理培训、鼓励联盟成员之间的非正式互动、建立多样化的沟通渠道。构建起海水养殖业技术创新联盟组织体系，分析了海水养殖业技术创新联盟的总体目标是关键共性技术研究开发、技术集成与产业化示范，联盟的主要任务是承接研究开发项目、人才培养、技术咨询、技术推广与人员培训；梳理出联盟外部组织体系主要分为三个部分：试点联盟的审核与遴选、试点联盟的支持与监管、联盟创新成果的推广。联盟应设立理事会、专家委员会和秘书处；联盟理事会是联盟的最高权力机构，专家技术委员会是联盟理事会的咨询机构，秘书处是联盟理事会的常设执行机构。围绕联盟的技术研发工作，设置项目管理室、研究组、中试基地、产品试验示范基地和产业化示范基地；围绕联盟的对外服务交流工作，设置信息资料室、合作交流室和技术服务室；围绕联盟的综合管理工作，设置行政管理室、知识产权室、财务管理室。对这些部门的职责范围进行了详细界定，使得这些部门能够协同工作，促进联盟知识流动。其中，重点提出了联盟技术研发项目组织模式。针对关键共性技术研究，成立合作研究组；由组内的科研机构或大学来主持开展课题研究，企业在课题研究中发挥应用示范作用。针对技术集成示范类课题，成立独立研究组；独立研究组依托已经建立并运行良好的产学研合作研究组织；研究课题应由独立研究组内的养殖企业主持，组内的科研机构或大学发挥技术支撑作用，实现关键技术的标准化与规范化。在联盟组织体系运行中指出，应对联盟资源开放和共享、对联盟创新绩效进行评估，并提出了联盟的运营模式。

第六，提出能够促进海水养殖业技术创新联盟知识有效流动的对策建议。联盟内的水产科研机构和大学应注重应用导向性基础研究，应充当联盟的“技术守门员”角色，应完善内部绩效评价体系。联盟内的水产科技中介机构应重点发展以下两类水产科技中介机构：一是能够为联盟合作创新活动提供所需的信息、人才、资金、示范基地等资源和相关服务的水产科技中介机构；二是能够推动联盟技术成果的开发、示范和推广等活动的水产科技中介机构；目前可行的做法是依托联盟内海水养殖龙头企业和水产科研机构已有的具有科技服务功能的相关机构来充当联盟的科技中介机构。为了提高联盟内知识应用开发主体的知识吸收能力和知识管理水平，应大力培育海水养殖龙头企业，增强龙头企业的创新能力和优势产业的发展带动能力，进一步提升科技对海水养殖业发展的支撑作用；应提升海水养殖企业的知识吸收能力，由政府出台优惠政策鼓励和引导海水养殖企业加大科研投入；积极投资建设海水养殖业研发及产业化示范基地，提高海水养殖企业的专用性资产投资；提升养殖企业从业人员的科学素养和工作技能，提高海水养殖业科技知识基的水平。应提升养殖企业的知识管理水平，从战略高度重视养殖企业的知识管理工作；围绕本企业的发展战略，制定相应的知识管理战略；应制定相应的激励政策，鼓励知识共享和知识创新；将企业建设成为“学习型组织”。注重与联盟其他成员建立关联关系，积极主动地嵌入联盟知识网络之中，通过多种渠道与其他盟员建立联结关系，以提升自身竞争优势和创新能力。为了完善联盟内知识服务环境，联盟组织管理机构应推动建设联盟通向外部知识源的知识获取渠道，确定合适的联盟成员数量，设计完善的知识产权管理制度，引导联盟为海水养殖业发展提供有效支撑。相关政府部门应拓宽资金支持渠道，优化水产科技中介机构发展环境，搭建联盟知识共享平台，参与协调海水养殖业技术创新联盟组织运行，构建海水养殖业技术创新联盟合作创新绩效评价体系，进一步完善联盟知识产权保护制度。

第二节　研究展望

本书的研究尽管有其理论和现实意义，但由于海水养殖业的多样性和分散性以及国内海水养殖业技术创新联盟的局限性，在联盟背景下开展合作创新的案例较少，再加上研究者的学科背景和知识能力制约，因此，受制于主观上的能力局限和客观上的资源约束，使得本书不可避免地存在诸多不足。有待于在以后的研究中加以改进和完善。通过对研究过程的回顾和检讨，本书认为以下几个方面是有待于进一步努力的研究方向。

首先，对海水养殖业技术创新联盟知识网络的研究还有待于进一步深化。本书仅仅从要素和结构两个角度对模型进行了定性解析，未能结合社会学、统计学等领域的研究方法对联盟知识网络的结构以及网络内的知识流动效率进行定量研究。

其次，海水养殖业技术创新联盟构建和运行时间还不长，其运行和发展过程中的一些问题尚未充分显现出来。因此，需要对该类联盟给予持续的关注，充分挖掘其发展中存在的问题以及相关制约因素，针对这些问题展开相关研究，以切实提高海水养殖业技术创新联盟对整个产业技术水平的推动作用。

再次，目前对中国产业技术创新联盟展开的相关研究很多，但很少有学者对渔业技术创新联盟进行深入研究。本书的创新点在于选择了从知识网络、知识学习这一视角来审视联盟的知识流动问题。然而，本书的研究结果是否可行，还有待于实践的进一步检验。本书认为还应积极尝试借助其他理论工具来探讨海水养殖业技术创新联盟的发展问题。

最后，研究方法有待于改进和创新。本书在研究过程中主要采用了案例研究的方法。由于本书的研究对象是海水养殖业技术创新联盟，如果采用抽样调查方法，一来很难有足够大的样本空间，二来调查的工作量实在太大。因此，本书主要采用了“解剖麻雀”式的案例研究方法，并且重点以“现代海水养殖产业技术创新联盟”以及联盟参与承担的国家科技支撑计划“海水养殖与滩涂高效开发技术研究与示范项目”作为研究案例。然而，从某个案例来总结一个理论框架在信度方面难以尽如人意，从统计科学的角度来看，抽样调查才是值得采用的主流方法。因此，本书的研究方法仍需改进和创新。

参考文献

陈立泰、林川：《政府在产学研联盟中的角色及行为研究》，《科技管理研究》2009 年第 7 期。

邸晓燕、张赤东：《产业技术创新战略联盟的分类与政府支持》，《科学学与科学技术管理》2011 年第 4 期。

范丹宇、金峰：《创新系统中知识流动的机理及其影响因素》，《科学管理研究》2006 年第 24 卷第 3 期。

方静、武小平：《产业技术创新联盟信任关系的演化博弈分析》，《财经问题研究》2013 年第 7 期。

付苗、张雷勇、冯锋：《产业技术创新战略联盟组织模式研究——以 TD 产业技术创新战略联盟为例》，《科学学与科学技术管理》2013 年第 1 期。

胡冬云：《产业技术创新联盟中的政府行为研究——以美国 SEMATECH 为例》，《科技管理研究》2010 年第 18 期。

胡珑瑛、张自立：《基于创新能力增长的技术创新联盟稳定性研究》，《研究与发展管理》2007 年第 19 卷第 2 期。

黄邦汉：《试论可持续农业创新的技术转移模式》，《自然辩证法研究》1999 年第 15 卷第 8 期。

江旭、高山行：《战略联盟中的知识分享与知识创造》，《情报杂志》2007 年第 7 期。

蒋樟生、胡珑瑛：《不确定条件下知识获取能力对技术创新联盟稳定性的影响》，《管理工程学报》2010 年第 24 卷第 4 期。

李纲：《Shapley 值在知识联盟利益分配中的应用》，《情报杂志》2010

年第29卷第2期。
刘林舟、武博：《产业技术创新战略联盟合作伙伴多目标选择研究》，《科技进步与对策》2012年第21期。
龙勇、周建其：《知识整合在竞争性联盟中的价值创造分析》，《科学管理研究》2006年第24卷第2期。
邵建成：《中国农业技术创新体系建设研究》，博士学位论文，西北农林科技大学，2002年。
宋燕平：《农业高校中技术创新问题分析》，《研究与发展管理》2004年第16卷第2期。
苏靖：《产业技术创新战略联盟构建和发展的机制分析》，《中国软科学》2011年第11期。
王珊珊、王宏起：《面向产业技术创新联盟的科技计划项目管理研究》，《科研管理》2012年第3期。
温珂、周华东：《联盟能力视角下的产学研合作联盟促进政策研究》，《科学学与科学技术管理》2010年第8期。
吴绍波、顾新、彭双等：《知识链组织之间的冲突与信任协调：基于知识流动视角》，《科技管理研究》2009年第6期。
肖树忠：《地市级农业技术创新体系研究——以唐山市为例》，博士学位论文，中国农科院研究生院，2006年。
邢子政、黄瑞华、汪忠：《联盟合作中的知识流失风险与知识保护：信任的调节作用研究》，《南开管理评论》2008年第11卷第5期。
阎彩萍、韩云峰、杨子江：《我国研发机构与高等学校R&D水产课题比较研究》，《中国渔业经济》2005年第4期。
殷群、贾玲艳：《产业技术创新联盟内部风险管理研究——基于问卷调查的分析》，《科学学研究》2013年第12期。
殷群、王飞：《产业技术创新联盟内知识转移阶段特征分析》，《现代管理科学》2013年第4期。
张学文、赵惠芳：《产业技术创新战略联盟绩效影响因素研究：基于两素产业的实证测量》，《科技管理研究》2014年第5期。
张瑜、菅利荣、倪杰等：《江苏省产业技术创新战略联盟的灰评估研究——基于中心点三角白化权函数》，《华东经济管理》2013 年第 11 期。

赵力焓、石娟、顾新：《知识链组织之间知识流动的过程研究》，《情报杂志》2010 年第 29 卷第 7 期。

赵阳、刘益、张磊楠：《战略联盟控制机制、知识共享及合作绩效关系研究》，《科学管理研究》2009 年第 27 卷第 6 期。

周建、周蕊：《论战略联盟中的知识转移》，《科学学与科学技术管理》2006 年第 5 期。

Burt, R. S. , *Structure Holes*: *The Social Structure of Competition*, Harvard University Press, 1992.

Cairnarca, G. C. , Colombo, M. G. , Mariotti, S. , "Agreements between Firms and the Technological Life Cycle Model: Evidence from Information Technologies", *Research Policy*, Vol. 21, No. 1, 1992.

Coursey, D. H. , Bozeman, B. , *A Typology of Industry-Government Laboratory Cooperative Research*: *Implications for Government Laboratory Policies and Competitiveness*, Kluwer Academic Publishers, 1989.

Granovetter, M. , "The Strength of Weak tie", *American Journal of Sociology*, Vol. 7, No. 8, 1973.

Gulati, R. , "Does Familiarity Breed Trust? The Implications of Repeated Ties for Contractual Choice in Alliances", *Academy of management journal*, Vol. 38, No. 1, 1995.

Hamel, G. , "Competition for Competence and Inter-partner Learning with International Strategic Alliances", *Strategic Management Journal*, Vol. 12, No. 1, 1991.

Huber, G. P. , "Organizational Learning: the Contributing Processes and the Literature", *Organizational Sciences*, Vol. 2, No. 2, 1991.

Nonaka, I. , "The Knowledge Creating Company", *Harvard Business Review*, Vol. 69, No. 6, 1991.

Nonaka, I. , Takeuchi, H. , *The Knowledge Creating Company*, New York: Oxford University Press, 1995.

Harland, C. M., *Networks and Globalisation Review*, British: Engineering and Physical Sciences Research Council, 1995.

Seufert, S., Seufert, A., *The Genius Approach: Building Learning Networks for Advanced Management Education*, in Proceedings 32nd Hawaii International Conference on System Sciences, 1999, Maui, HI.

Sharda, R., Frankwick, G. L., "Group Knowledge Networks: A Framework and an Implementation", *Information Systems frontiers*, Vol. 1, No. 3, 1999.

学术索引

C

“场”理论　81

产学研合作　1－9,18,19,23,26,34,43,44,52,60,61,72,84,85,91,95,99,103,104,108,109,125,127,128,130,139－141,145,148－150,156

产业化示范　10,75,93,96,117,121,123,124,131,138,146,155,156

刺参　70,71,94,98－100

D

大菱鲆　4,40,41

大西洋鲑鱼　103

单环知识学习　97－99,154

动力机制　16,19,96

短路径　33

对虾工厂化育苗技术　2

F

非正式交流　48,60,61,66,83,148,153

G

高产集约化养殖技术　2

高集聚　33

个人知识　48,54,58,82－85,88－92,94－96,98－100,124,153－155

工业化循环水养殖　103

公共物品　4,13,15,43,152

关键共性技术　4,6,8,12,14,26,43,52,54,56,59,62,63,74,84,111,112,117,126－128,143,152,155

关系距离　71,105,153

关系强度　73,105,153

关系要素　18,48,53,67,71,153

规范型机制　106,109

规模经济　22,32,33

国家科技计划　11,55,60,111,119,143,144,146

过程型机制　106,107

H

海带人工育苗技术 1
海参 3,10,11,70,99
海水养殖技术体系 2
海水养殖龙头企业 48,49,53,57,61,66,68,135,137－139,153,156
海水养殖业 1－14,16－19,26,35,37－39,41－75,77,79,82－84,88,89,91－100,102,105－113,115－121,123,125－128,130－140,143,145－157

H

行业知识 48,55,58,153
黄海水产研究所 3,4,11,40,50,73,79,135,137

J

机会主义行为 12,52,74,75,102,106,109
集成创新 6,25,39－41,117
技术创新 1－19,21－26,32－39,41－49,51－75,77,82－84,88,89,91－99,102,105－113,115－121,123,125－141,143－158
技术创新模式 39,138,152
技术创新时滞 3,42
技术创新战略联盟 7,9,11,15,18,55,60,61,108－110,114,116,119,122,125,127,143－146,150
技术创新主体 4,37－39,51,152
技术集成 25,63,72,79,80,112,115,117,127,128,155
技术推广 6,39,50－52,62,63,66,75,83,118,120,125,133,136,138,140,146,147,153,155
技术转移 22,26,33,62,118,127,137,141

K

科技成果转化率 5,6,39,136,141
空间开放性 4,75

L

雷霁霖 4,40
联盟创新绩效 8,16,34,66,75,76,120,131,137,151,154,156
联盟技术研发项目组织模式 19,125,126,128,155
联盟内部组织体系 19,120
联盟契约 48,54,55,107,109,110,153
联盟文化 19,48,54,55,72,75,83,84,98,99,105－107,113,153,155
联盟运营模式 19,132
联盟知识 1,13,14,16－19,31,33,45－50,52－55,57,58,63,66,67,71－73,75,77,82－84,89－100,102,108,112,115,118,121,

124,125,134,138 - 140,147,149,150,152 - 157
良种覆盖率 4,117

Q
浅海滩涂 117
浅海增养殖设施 19,79,80,84,86,88,90,98,99
强联结 73

R
弱联结 73

S
扇贝人工育苗技术 2
SECI 模型 80 - 82,91,97
生态高效养殖 19,79,80,84,86,88,90,98,99,117
双环知识学习 97 - 100,154
水产科技中介机构 19,48,49,51,53,136,140,146,147,153,156

T
特异性能力 8,49
特征型机制 106,113
团队知识 83 - 85,87 - 92,95,96,98,99,124,154

W
网络结构 18,29 - 31,33 - 35,45,47,67,75,104,154

X
显性知识 27,30,46,59,69,73,80,81,85 - 91,93 - 96,100
小世界网络 33,34
协同效应 33

Y
引进消化吸收再创新 6,39 - 41
隐性知识 25,27,30,46,54,59,68 - 70,72,73,75,80 - 82,85 - 94,96,100,127,140,151,153,154
渔业产业链 35,36
渔业技术链 35,36
渔业科技创新 11,37,119
原始创新 39 - 41

Z
战略联盟 7,19,21,22,24,26,32,71,73,97,114,144
知识编码能力 68,108,149,153
知识产权 8,39,50,52,53,55,62,65,68,92,102,110 - 113,117,118,123,133,138,139,141,143 - 145,150,151,153,155,156
知识创新 14,23,26,28,31,32,49,59,76,77,84,88,118,125,127,128,139,143,149,156
知识创造 15,16,29,30,53,55,

80 - 82,91,92,94,97
知识分享 15,97
知识复杂性
知识高地 13,14,50,54,118,120,125,133
知识贡献能力 8,9,53
知识管理 16,28,29,68,88,89,92 - 95,109,124,139,140,151 - 154,156
知识流动 8,14 - 17,19,20,23,27,29,31 - 34,52,57 - 59,61 - 71,73 - 75,77,82,83,85 - 88,92 - 94,97,98,102,103,105 - 107,111,115,118,127,128,137,143,148 - 150,152 - 154,157
知识流动界面 18,63 - 66,153
知识模糊性 69,70
知识内隐性 153
知识情境性 70
知识生产扩散 16,19,46,53,63,64,134,153
知识受体 14,58,68,69,102 - 105,153,155
知识网络 14,16,18,19,26 - 32,34,35,45,46,48 - 50,53,55 - 58,67,70,73,75,105,135,140,152,153,157
知识网络要素 29,48
知识吸收能力 68,69,103,104,108,138,146,149,153,156
知识学习模型 19,20
知识溢出 30,31,48,126,148
知识应用开发 16,19,46,47,53,63,64,66,103,104,137,153,155,156
知识源 14,48,58,67 - 69,76,102 - 105,108,124,125,151,153 - 156
知识再学习 97 - 100,154,155
知识整合 15,88
知识转化 55,69,80 - 82,87,89,92,93,96,135,154
知识转移意愿 67,68,102,153
制度要素 18,48,55,67,73,153,154
主体要素 18,37,45 - 49,53,54,63 - 67,70,83,153
专用性投资 103,104
资源要素 18,48,54,67,69,153
自我繁殖 4,43,62,75
组织知识 29,48,54,55,58,83,84,88 - 92,94 - 96,99 - 101,124,153 - 155

附录

附录 1

访谈提纲

1. 拟访谈对象

●寻山集团

●好当家海洋发展股份有限公司

●当地海洋渔业局、科技局等相关政府部门

2. 针对“好当家”的调研内容

●好当家作为盟主在联盟构建、运行过程中发挥哪些作用?

●好当家集团内部的水产研究所发挥什么作用?会自主开展研究工作吗?

●贵企业产学研合作方式有哪些?哪一种合作方式对提升企业自身技术能力更加重要?

●产学研合作创新运行机制是怎样的?

●好当家集团同时参与两个联盟(海参产业技术创新联盟和现代海水养殖产业技术创新联盟),集团如何在两个联盟内配置其研发资源?

●您认为当前联盟运行中存在的主要问题和障碍是什么?

3. 针对“寻山集团”的调研内容

●在国家海洋公益性行业科研专项“典型海湾生境与重要经济生资源修复技术集成及示范”中,寻山集团主要承担哪些工作?寻山集团与中科院海洋所是怎样开展合作的?在这一项目中,寻山集团与马山集团等其他企业如何分工？

●产学研合作方式（技术买断型、试验基地型、技术股份型、科技顾问型、课题经费型）

●在上述产学研合作方式中，哪一种合作方式对提升企业自身技术能力更加重要？

●产学研合作创新运行机制的详细内容（激励兼容、风险共担、成果共享、合作共赢）。

●您认为当前联盟运行中存在的主要问题和障碍是什么？

4. 针对相关政府部门的调研内容

●联盟构建背景及意义。

●联盟运行现状。

●联盟管理及运行机制。

●联盟构建及发展过程中面临的主要问题。

●联盟构建、运行、发展过程中，政府发挥的主要作用。

附录 2

1985—2014 年中国海水养殖领域科研院所申请专利数

大学名称	申请专利数
浙江大学	20
大连海洋大学	17
中国海洋大学	16
浙江海洋学院	16
广东海洋大学	10
中山大学	6
宁波大学	6
山东大学	5
厦门大学	5
天津大学	2
青岛理工大学	2
上海海洋大学	2
集美大学	2
海南大学	2
福州大学	2
南京农业大学	1
青岛农业大学	1
大连理工大学	1
扬州大学	1
清华大学	1
北京师范大学	1
武汉大学	1
长沙理工大学	1
广西大学	1
浙江工业大学	1

科研机构名称	申请专利数
中国水产科学研究院黄海水产研究所	14
中国科学院南海海洋研究所	13
中国科学院海洋研究所	11
中国水产科学研究院南海水产研究所	8
浙江海洋水产研究所	7
中国水产科学研究院东海水产研究所	6
江苏海洋水产研究所	5
山东省海水养殖研究所	5
国家海洋局第三海洋研究所	5
上海水产研究所	5
中国水产科学院渔业机械仪器研究所	4
山东省海洋水产研究所	3
中科院沈阳应用生态研究所	2
广西壮族自治区水产研究所	2
中科院大连化学物理研究所	2
中国水产科学院珠江水产研究所	2
山东省日照水产研究所	2
国家海洋环境监测中心	1
河北水产研究所	1
山东省海洋生物研究院	1
北京水产科学研究所	1
浙江舟山市水产研究所	1
浙江海洋开发研究院	1
中国医学科学院药用植物研究所	1
辽宁省海洋水产科学研究院	1
国家海洋局天津海水淡化与综合利用研究所	1
江苏省农业科学院	1

附录 3

现代海水养殖产业技术创新战略联盟成员列表

成员组织名称	在行业中的地位
寻山集团有限公司	以海水养殖与海产品加工为主导产业的科技型企业，是国家高技术研究发展计划成果产业化基地。承担实施了国家“863”计划项目 15 个，科技支撑计划项目 2 个，“973”计划项目 1 个；获得重大科技成果 20 多项，其中，获国家科技进步二等奖 2 项，获教育部科技进步一等奖 1 项，获山东省科学技术一等奖 2 项
中国海洋大学	国家“985 工程”和“211 工程”重点建设高校。“九五”以来，学校科技成果达到国际领先和先进水平的 70 余项，国内首创和先进水平的 150 余项。先后培育出“单海 1 号”、“单杂 10 号”、“荣福海带”等多个海带新品种，支撑了我国特别是山东的海带养殖业。“大型海藻生物技术研究及其应用”获国家科技进步二等奖。“蓬莱红”扇贝新品种分别获国家科技进步二等奖和国家海洋局创新成果一等奖
中国科学院海洋研究所	从事海洋科学基础研究与应用基础研究、高新技术研发的综合性海洋科研机构；是国家知识产权局全国专利战略试点单位，中国科学院博士研究生重点培养基地。科技人员 400 余人，其中高级研究与工程技术人员近 200 人；中国科学院院士 4 人、中国工程院院士 2 人。在蓝色（海洋）农业优质、高效、持续发展的理论基础与关键技术研发方面做出了重大创新性贡献
中国水产科学研究院黄海水产研究所	我国建所最早、综合实力最强的海洋水产研究机构之一。现有科技人员 400 余人，其中高级研究人员 200 余人，中国工程院院士 3 人。在海水养殖生态与容纳量评估、海洋生物资源可持续开发利用、海洋生物遗传育种、繁殖、发育、病害防治、海水养殖生物种质鉴定与遗传多样性保护等方面有较强的研发实力，先后获得 2 项国家科技进步一等奖、3 项国家科技进步二等奖、1 项国家科技进步三等奖和数十项省部级奖励
山东大学威海分校	该校海洋学院是在“十一五”期间重点建设的特色学院之一。中国工程院院士、中国海洋大学原校长管华诗院士现任该院名誉院长。教授 28 人。建立了海洋动物研究所、海洋食品与药品研究所、海洋环境与生态研究所、海水增养殖与病害防治研究所及应用化学研究所，在海洋生物、海洋药物和海洋（哺乳）动物研究方面有较强的实力
山东轻工业学院	现有教职工近 1500 人，其中高级专业技术职务人员 560 余人，博士、硕士学位的教师 650 余人，博士生导师 11 名，硕士生导师 133 名，建立了 39 个研究所和研发中心，这些研发机构在农产品加工、食品饮料、制浆造纸、资源环境保护、酿造、皮革、轻工机械等领域均已形成了自己的特色，对促进相关行业技术进步尤其是轻工行业的发展做出了重要贡献

续表

成员组织名称	在行业中的地位
大连獐子岛渔业集团股份有限公司	集海珍品育苗、增养殖、加工、贸易、海上运输于一体的综合性企业集团，总资产总额约15亿元，职工4000余人，拥有养殖海域100余万亩，年海产品加工能力超过2万吨。公司于2006年9月28日在深交所上市（股票代码002069），并创造中国农业第一个百元股。2007年，獐子岛渔业成为达沃斯“全球成长型公司社区”首批创始会员，并当选为“CCTV年度最佳雇主”、全国首届“兴渔富民新闻人物”企业
山东东方海洋科技股份有限公司	主要从事海水水产品苗种繁育、养殖、食品加工及保税仓储业务，2006年11月28日在深圳成功上市。公司是国家高新技术企业、国家级企业技术中心、国家海藻工程技术研究中心、国家级水产良种场、农业产业化国家重点龙头企业；公司先后通过欧盟卫生注册、HACCP、ISO9001、ISO14001等认证，主要养殖产品大菱鲆、海参均取得无公害产地认定和无公害产品认证
江苏榆城集团有限公司	一家集育苗、养殖、冷冻、加工于一体的国家级农业产业化龙头企业。公司有育苗水体1.5万立方米，潮上带池塘3000亩，并有大面积潮间带及浅水域，公司现有员工1280多人，拥有各类专业技术人才150多名。主要从事中华绒螯蟹、大菱鲆鱼、红鳍东方豚、梭子蟹、东方对虾等高档经济鱼类的育苗和养殖，以及紫菜、各类水产冷冻食品、农副产品等加工
好当家集团有限公司	一家集海水养殖、食品加工、远洋捕捞、热电造纸、滨海旅游于一体的大型企业集团。总资产达30多亿元，职工12000多人。拥有4.3万亩全国最大的海珍品养殖基地，8万平方米的工厂化养殖基地，并在省内外建有养殖基地1万多亩，培育出了大量的海参、海蜇、鲍鱼、对虾、扇贝、牙鲆鱼、大菱鲆等名优海珍品
泰祥集团	以海产品精深加工为主的科技型企业，现拥员工5000多人，其中大专以上学历200余人。企业先后获得日本农林水产省肉类产品注册，输美水产品HACCP认可，通过出口欧盟水产品注册、ISO9001：2000质量管理体系认证。“泰祥”商标被山东省工商行政管理局评为山东省著名商标，泰祥食品荣获中国名牌产品称号
山东俚岛海洋科技股份有限公司	一家集海水养殖、远洋捕捞、海藻加工、脱脂鱼粉、渔船修造、冷藏加工、藻贝鱼综合育苗于一体的股份制企业，海藻养殖与加工技术和产业规模在国内处于先进水平，拥有自营进出口权，总占地面积300万平方米，建筑面积15万平方米。现有员工2300人，固定资产1.5亿元
威海西港水产有限公司	集海水增养殖、海洋食品加工和玻璃钢船艇制造、建筑、房地产开发及休闲渔业旅游服务于一体的综合性企业集团。企业总资产6.9亿元，职工3800人，拥有国家级刺参原种场和中国北方最大的玻璃钢造船基地
海阳市黄海水产有限公司	集科研、开发、生产、技术推广于一体的股份制企业，主营业务为珍贵海产品育苗与养殖，现有职工358人，固定资产总值17560万元。公司科技部“863”计划海水养种子工程北方基地、农业部鲆鲽鱼类遗传育种中心。半滑舌鳎苗种销售量排全国第一（18%），半滑舌鳎成鱼销售量排全国前三位（10%），大菱鲆、牙鲆、星鲽、欧鳎苗种与成鱼销售量排全国前十位
莱州明波水产有限公司	国家级半滑舌鳎原良种场、省科技厅认证的高新技术企业和中国水产科学研究院黄海水产研究所海水鱼类苗种繁育实验基地。半滑舌鳎、条斑星鲽和圆斑星鲽的人工繁育技术达到国际领先水平；年产半滑舌鳎、大菱鲆等海水鱼苗种2000余万尾，其中半滑舌鳎苗种的市场占有率在40%以上

续表

成员组织名称	在行业中的地位
山东潍坊龙威实业有限公司	资产总额8亿元，职工3600人，滩涂面积13.5万亩，拥有文蛤、青蛤、杂色蛤、毛蛤、竹蛏、牡蛎、泥螺和香螺等20多个养殖品种，形成了规模化、基地化、标准化滩涂贝类养殖基地，建立了贝类深加工生产线，年加工能力1000多吨
青岛龙盘海洋生态养殖有限公司	从事海珍品的育苗、底播增养殖和加工，公司现有职工215人，总资产6000多万元。在500公顷确权海域中构建了80000立方米石料人工海珍礁、筏式生态养殖海带和裙带菜60公顷，底播皱纹盘鲍800万粒、刺参1000万头，建立了海洋垂直绿色生态养殖体系，公司被农业部授予国家级健康养殖示范区和国家级无公害生产基地，产品被授予国家级无公害农产品、青岛市食品安全示范品牌、崂山十大名牌产品等称号
日照市岚山黄海养殖公司	集海水养殖、水产品加工、流通于一体的民营科技企业，公司总资产10438万元，固定资产5469万元。现有员工380人。公司被省海洋与渔业厅认定为“山东省无公害农产品产地”，与中国科学院海洋研究所联合建立了“山东黄海岛屿生物资源保护与利用研究所”，以合作双方为依托单位成立的“岛屿生物资源保护与利用工程技术研究中心”被日照市科技局认定为市级工程技术研究中心
烟台开发区天源水产有限公司	拥有鱼类育苗和养殖水体80000平方米/深、浅海养殖网箱470个，职工212人，年培育优质鲆鲽鱼类苗种近千万尾，养殖成品鲆鲽鱼类800吨。公司先后完成部、省、市各类科技项目20余项，其中，作为第二完成单位参与的“大菱鲆的引进和苗种生产技术的研究”获得了国家科技进步二等奖。被确定为“中华人民共和国农业部国家级大菱鲆良种场”、“山东省农业产业化重点龙头企业”、“国家鲆鲽类技术体系烟台综合试验站”等

致　谢

这本书的问世得到了很多人的鼎力支持，我愿呈上内心最诚挚的谢意！

首先感谢青岛大学商学院院长李福华教授，工商管理学院院长徐修德教授为本书的出版提供的大力支持。

在书稿写作过程中，我还曾有幸得到了我国水产领域诸多专家学者的点拨和宝贵建议。对他们的深入访谈，使我学习到了水产领域的大量知识，激发了我的写作灵感，并为我的写作提供了丰富的素材和鲜活的案例。他们是中国科学院海洋研究所张立斌副研究员，中国水产科学研究院黄海水产研究所曲克明研究员、梁兴明先生，寻山集团总工程师卞永平先生，荣成市科技局刘黎明副局长，荣成市海洋渔业局原涛副局长，好当家集团孙勇军部长，荣成石岛斥山龙新宇书记，山东社会科学院海洋经济研究所刘康研究员。

本书是在我的博士学位论文基础之上修改完成的。书稿即将出版之际，拿起电话邀请我的导师中国海洋大学韩立民教授为我的书作序，韩教授爽快地答应了。听着电话那端韩教授的声音，再次让我回想起攻读博士学位期间的一幕幕场景。那时正是我初为人母之际，承担着多重人生角色，有期盼、有彷徨、有幸福、有迷茫。在韩教授工作室里，韩老师时常会用诙谐幽默的语言活跃我们紧张的学习气氛，也会经常关照我们各位同门的生活点滴，至今还记得韩教授去百果山为我们带来的天然矿泉水的甘甜。

就在书稿修改过程中，我的小女儿贝贝出生了；说实话，有时累得真想放弃，幸好年迈的父母给予了我无私的支持与鼓励，能够让我毫无后顾之忧地投入到书稿写作当中；我的丈夫在繁忙的工作之余也耐心地承担起了养育儿女的重任。感谢你们，我亲爱的家人！

刘　晓

2015 年 3 月 1 日